全国中等职业技术学校电子类专业教材

通信技术基础

人力资源社会保障部教材办公室组织编写

中国劳动社会保障出版社

简介

本书主要内容包括通信技术概述、通信系统信号的传输和处理、数字基带传输技术、数字频带传输技术、典型通信系统等。

本书由邹彩梅主编，刘正顶任副主编，张立中、刘浩、叶世聪、阳希、薛晓明参加编写。

图书在版编目(CIP)数据

通信技术基础／人力资源社会保障部教材办公室组织编写. -- 北京：中国劳动社会保障出版社，2019

全国中等职业技术学校电子类专业教材

ISBN 978-7-5167-3942-6

Ⅰ.①通…　Ⅱ.①人…　Ⅲ.①通信技术-中等专业学校-教材　Ⅳ.①TN91

中国版本图书馆 CIP 数据核字(2019)第 054958 号

中国劳动社会保障出版社出版发行

（北京市惠新东街 1 号　邮政编码：100029）

*

三河市华骏印务包装有限公司印刷装订　新华书店经销

787 毫米×1092 毫米　16 开本　11.5 印张　229 千字

2019 年 4 月第 1 版　2024 年 5 月第 7 次印刷

定价：24.00 元

营销中心电话：400-606-6496

出版社网址：http://www.class.com.cn

http://jg.class.com.cn

前 言

为了更好地适应全国中等职业技术学校电子类专业的教学要求，全面提升教学质量，人力资源社会保障部教材办公室组织有关学校的骨干教师和行业、企业专家，对全国中等职业技术学校电子类专业教材进行了修订和补充开发。此项工作以人力资源社会保障部颁布的《技工院校电子类通用专业课教学大纲（2016）》《技工院校电子技术应用专业教学计划和教学大纲（2016）》《技工院校音像电子设备应用与维修专业教学计划和教学大纲（2016）》《技工院校通信终端设备制造与维修专业教学计划和教学大纲（2016）》为依据，充分调研了企业生产和学校教学情况，广泛听取了教师对现行教材使用情况的反馈意见，吸收和借鉴了各地职业技术院校教学改革的成功经验。

教材体系

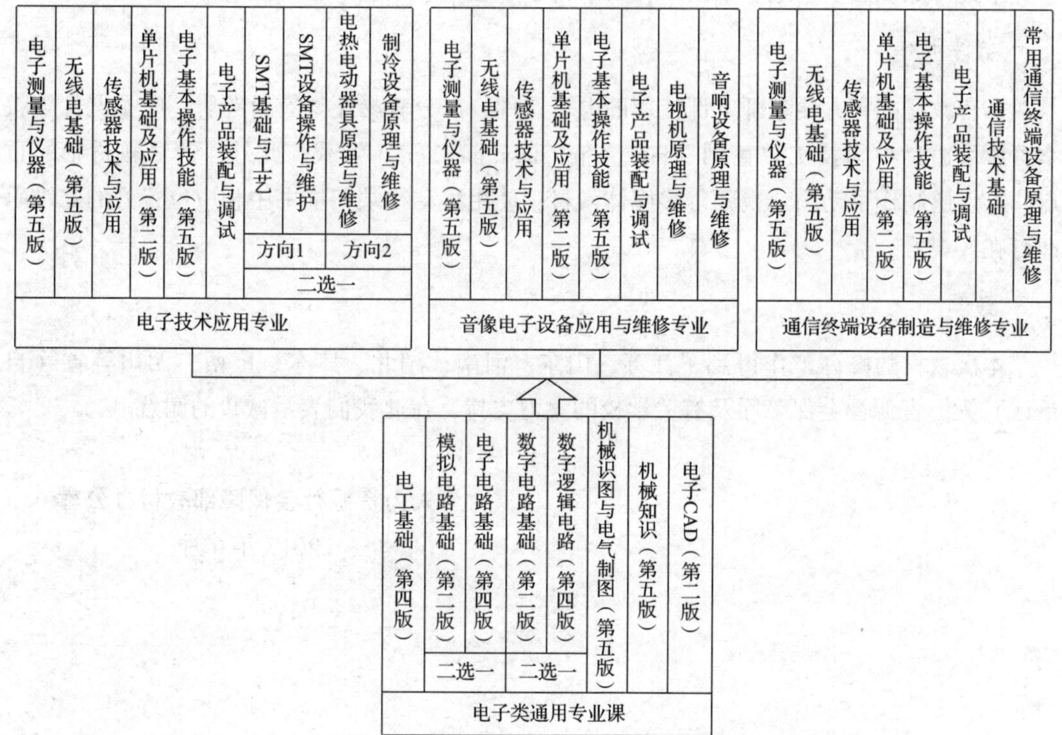

使用对象

电子技术应用专业、音像电子设备应用与维修专业、通信终端设备制造与维修专业中级、高级两个层次和以下 3 种学制：

- 初中毕业生3年学制培养中级工
- 高中毕业生3年学制培养高级工（中级阶段）
- 初中毕业生5年学制培养高级工（中级阶段）

编写特色

◆ **紧贴国家职业标准** 紧密贴合《中华人民共和国职业分类大典（2015年版）》中对广电和通信设备电子装接工、广电和通信设备调试工、家用电器产品维修工、家用电子产品维修工等职业的职业能力要求，同时参照相关国家职业标准。

◆ **体现行业技术发展** 根据电子行业的最新发展，在教材中充实了电子产品表面贴装、数字电视维修、智能手机维修等方面的新技术，体现教材的先进性。

◆ **注重职业能力培养** 根据就业岗位对技能型人才所需能力的要求，进一步加强实践性教学内容。同时，在教材中突出对学生获取信息、与人交流、分析解决问题以及自学等职业能力的培养。

◆ **符合学生阅读习惯** 在教材内容的呈现形式上，尽可能使用图片、实物照片和表格等形式将知识点生动地展示出来，力求让学生更直观地理解和掌握所学内容。

教学服务

本套教材配有方便教师上课使用的电子课件，部分教材还配有习题册，电子课件等教学资源可通过中国技工教育网（http://jg.class.com.cn）下载。此外，针对教材中的重点、难点还制作了动画、视频等多媒体素材，使用移动终端扫描书中相应位置处的二维码即可在线观看。

致谢

本次教材的修订工作得到了江苏、山东、河南、湖北、广东、广西、四川等省（自治区）人力资源社会保障厅及有关学校的大力支持，在此我们表示诚挚的谢意。

人力资源社会保障部教材办公室

2017年6月

目　录

第一章　通信技术概述

§1—1　通信系统与通信网络

1. 了解通信系统的组成。
2. 了解通信系统的分类。
3. 了解通信网络的转接与信号交换技术。
4. 了解通信标准。

人们要将声音、图像、文字、符号等各种消息传递给接收者，可以采用各种各样的通信方式。广义上，通信是指需要信息的双方或多方在不违背各自意愿的情况下采用任意方法、任意媒质，将信息从某一方准确、安全地传送到另一方。狭义上，通信就是信息的传输和交换，即信息的传递。为实现通信采用的技术就是通信技术。通信技术伴随着人类生产力的发展而不断进步。

各类通信方式中应用最多的是电通信。所谓电通信，就是“信源”将要传递的消息首先变成电信号，经过“发送设备”对电信号进行必要处理，使之与信道的特性匹配，通过信道更好地传输到消息的接收者，接收者通过“接收设备”进行完全相反的变换，将通过信道传输来的信号转换为原始的电信号，“信宿”将电信号还原成原来的各种声音、图像、文字、符号等原始消息。信号在传输过程中会受到各种干扰和噪声的影响，所以信道总是不理想的，因此需要发送设备和接收设备对信号进行处理。

通信系统的一般模型如图 1—1—1 所示。

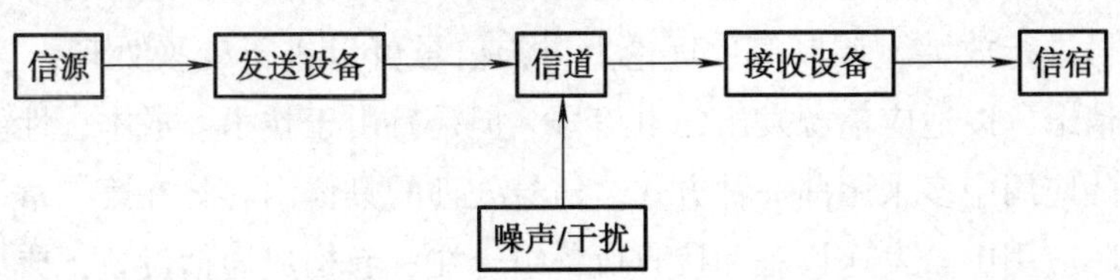

图 1—1—1　通信系统的一般模型

一、通信系统的组成

1. 信源

信源是信息产生的“源泉”。由于电信号具有传递速度快（接近于光速）、传输距离远、消息容量大、处理方便等优点，所以在很多情况下信源都是将各种原始消息，如声音、图像等转换为电信号，这种原始的电信号又称为基带信号。电信号是通信信号的主要形式。随着光通信技术的发展，光信号也成为通信的常用信号。

常见的信源设备如图 1—1—2 所示，主要有话筒、数码摄像机、数码相机、计算机、扫描仪和摄像头等。

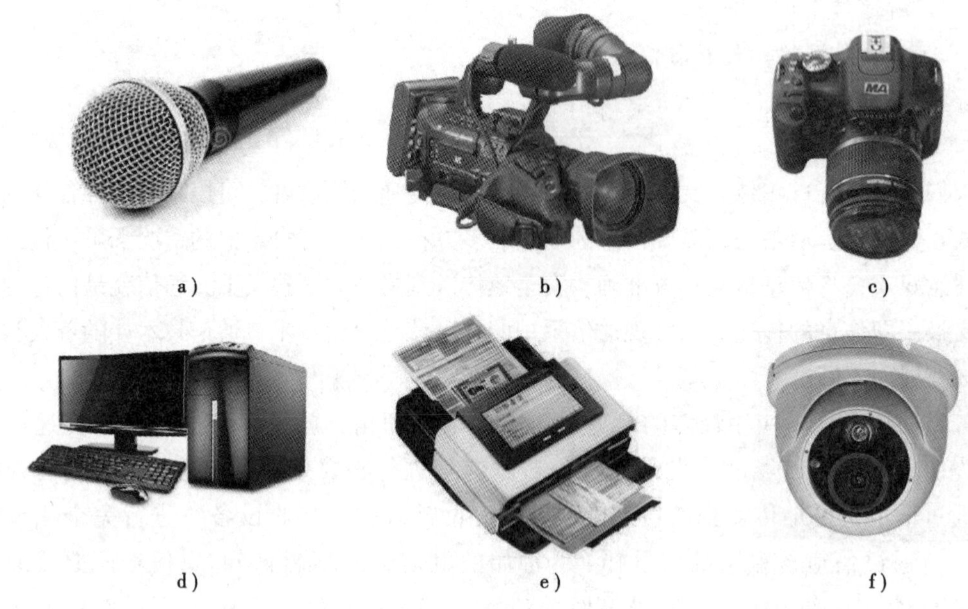

图 1—1—2　常见的信源设备

a）话筒　b）数码摄像机　c）数码相机　d）计算机　e）扫描仪　f）摄像头

2. 发送设备

发送设备对信源发出的电信号进行适当的处理，使其方便在信道中传输。处理的方法很多，如对信号进行放大、调制等。理论上讲，信号可以进行变换处理，以适应信道特性，或者改造信道，以适应信源发出的电信号。但是，由于技术、成本、性能等多种因素的制约，在实际应用中多采用前一种方式。信号处理的具体内容将在第三章、第四章中详细介绍。在实际应用中，发送设备和接收设备组合在一起构成通信设备，典型的通信设备是调制解调器（Modem）。

3. 信道

信道是信号传输的通道，又称传输媒介。电信号以电流、电磁波的形式在信道中传播，光信号以光波的形式在光纤中传输。信道可以分为有线信道和无线信道两大类。

(1) 有线信道

常用的有线信道有双绞线、同轴电缆和光缆等。

1) 双绞线。所谓双绞线就是一对绞合在一起且相互绝缘的导线，如图 1—1—3 所示。双绞线可以作为计算机主机之间的连接线路，就是平常所说的“网线”。用户电话机与端局交换机之间的通信线路也是双绞线，通常称为用户线或外线。双绞线的带宽与导线直径大小、架设的距离远近有关，在很多情况下其传输速率为几兆位/秒，传输距离可达几千米。

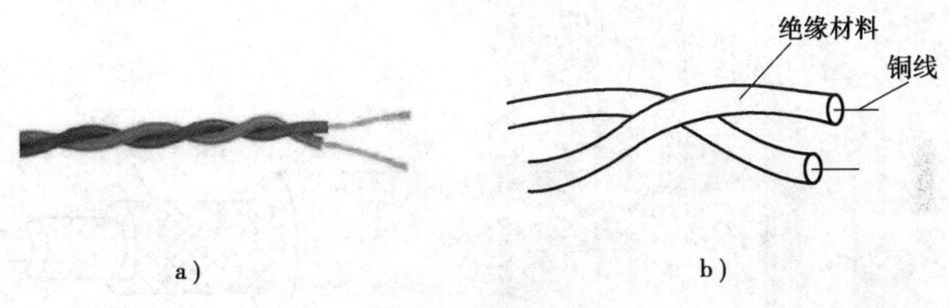

图 1—1—3　双绞线

a) 实物图　b) 结构图

为了使线路敷设方便，生产厂家将 6 ~ 3 600 对双绞线封装在一个护套内形成电缆。电缆的种类很多，如图 1—1—4 所示。相邻对线拧成的螺距不同，用来限制相互之间的串音（Crosstalk）。

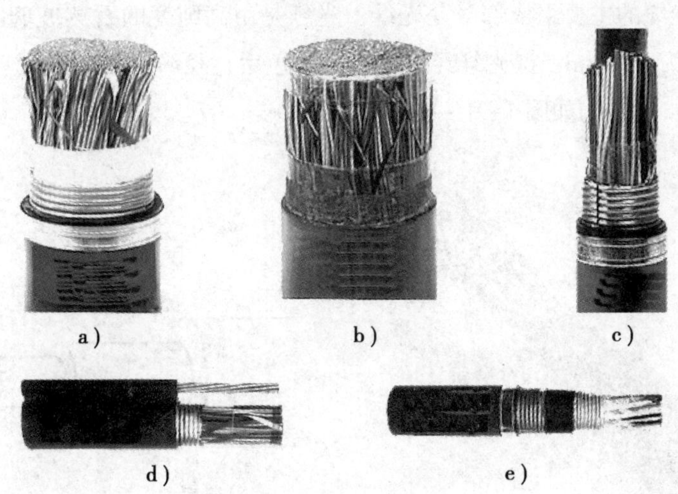

图 1—1—4　电缆

a) 实心绝缘非填充型电缆　b) 实心绝缘填充型电缆　c) 高频屏蔽型电缆

d) 自承式电缆　e) 钢带铠装型电缆

2）同轴电缆。同轴电缆（Coaxial Cable）的带宽要比双绞线宽得多，其上限频率由线径和传输距离决定，一般可达几百兆赫以上，其衰减与频率的平方根成正比，因此在远距离传输和宽带工作时需要用到均衡器。同轴电缆目前主要用于局域网（LAN）、有线电视（CATV）和海底电缆通信中。

如图 1—1—5 所示，同轴电缆由内导体、绝缘层、外导体和保护层组成。由于同轴电缆的特殊结构，电缆内部的信号不会泄漏到外部，同样外部的干扰也不会进入到电缆内部，因此同轴电缆有很好的保密性和抗干扰性。

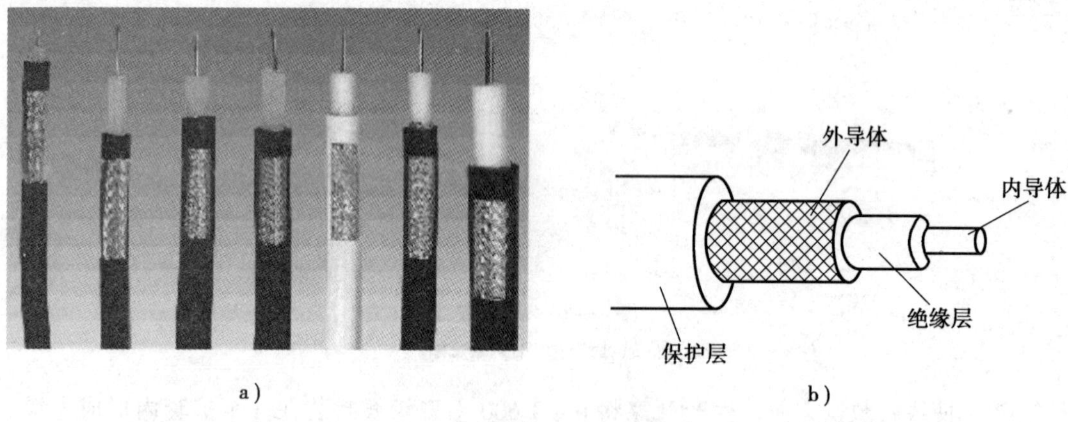

图 1—1—5　同轴电缆的结构

a）实物图　b）结构图

3）光缆。光缆的主要组成部分是光纤，光纤是由高纯度的石英玻璃制成的，称为裸光纤，其直径约为 125 μm。裸光纤经过涂覆、着色后直径约为 250 μm。光纤由纤芯、包层和涂覆层组成，其结构如图 1—1—6 所示。

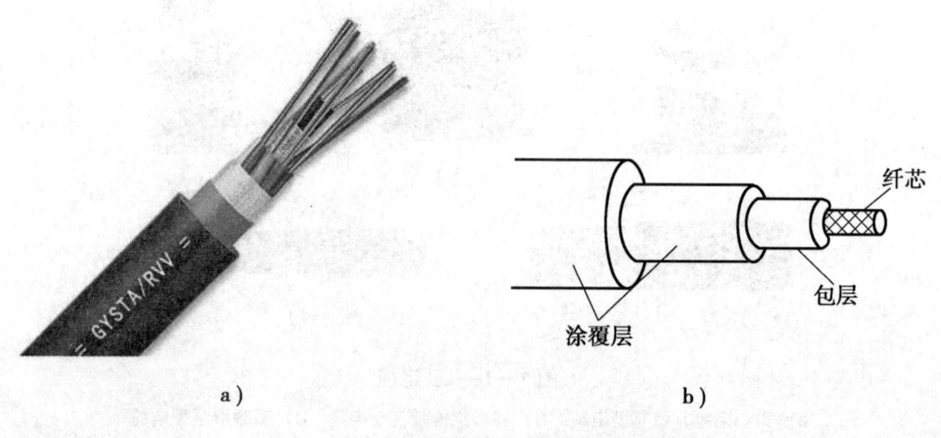

图 1—1—6　光纤的结构

a）实物图　b）结构图

光纤的纤芯由折射率较高的材料构成，包层由折射率较低的材料构成。这样，只要光的入射角足够小，光信号就能在两层之间产生全反射，从而在纤芯中传播。

光纤按其工作模式可分为多模光纤和单模光纤，多模光纤的纤芯直径约为 50 μm，单模光纤的纤芯直径约为 10 μm。单模光纤具有传输损耗小，色散小，可实现长距离、大容量传输等特点，所以应用越来越广泛。

光纤一般不单独使用，通常由多根光纤经各种不同工艺加工成不同用途的光缆。光缆的结构也是各种各样的，本书将在第五章中做详细介绍。

（2）无线信道

无线信道由无形的空间构成，信号以电磁波的形式在无线信道中传播。

无线信道包含从发送端到接收端之间的无线空间，以天线作为信道的接口设备，如图 1—1—7 所示。电信号在无线信道中以电磁波的形式传播。无线信道的频率范围很宽，从极低频一直到微波波段，其中根据频率的不同和传播方式的不同又可分为很多种信道。

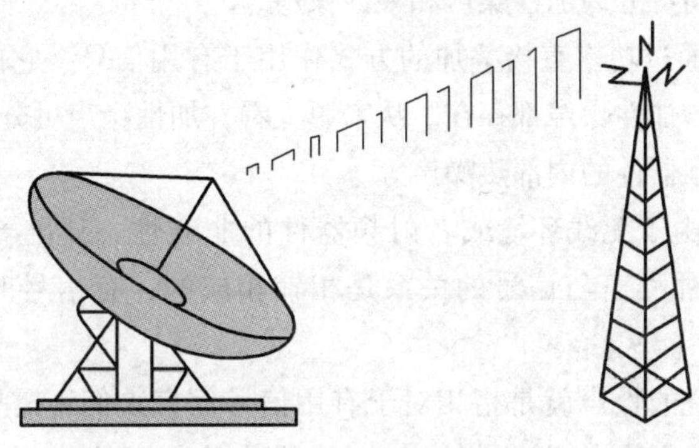

图 1—1—7　信号的无线传输

4. 接收设备

接收设备的作用与发送设备的作用相反，通常是把接收到的信号经过放大、滤波选择、解调后恢复成原来的基带信号，也就是把经过信道传输的信号恢复成原来的信源产生的信号。接收设备的作用非常重要，能否不失真地恢复原来的信号是关键，本书将在第三章、第四章中做详细介绍。

5. 信宿

信宿，顾名思义是信息的归宿。信宿的作用是将来自于接收设备的基带信号恢复成原始信号。如果信源是话筒，要传输的信号是话音信号，则信宿就可能是扬声器或耳机，它将话音信号转换为人耳所能感觉到的声音。

一般来说，信源的输出和信宿的输入是相同的，两个设备是对应的。例如，发端是话筒，则接收端是扬声器或耳机；发端是摄像机，则接收端是显示器；发端是计算机，则接收端也是计算机。

在双向通信中，信源和信宿构成通信终端设备。在终端设备中既有信源又有信宿，如计算机既可以产生信号，又可以接收信号。所以它既是信源，也是信宿。发送设备和接收设备构成通信设备，如调制解调器（Modem），它对要发送的信号进行调制，又对接收的信号进行解调，所以调制解调器既是发送设备也是接收设备。更为典型的例子是手机，在一个机壳内集成了通信设备和终端设备。

6. 噪声/干扰

在通信过程中，噪声和干扰是不可避免的。噪声是信道中的噪声以及分散在通信系统各组成部分中的噪声的集中表现。噪声主要来自信道。从某种意义上来说，通信工作者的主要工作就是消除噪声和干扰对通信的影响。

噪声的来源很多，有人为噪声、自然噪声和内部噪声等。人为噪声主要来自电台、家用电器等电气设备所产生的干扰；自然噪声来源于自然界存在的雷电、磁暴、太阳黑子和宇宙噪声等；内部噪声来源于设备本身产生的各种噪声，如热噪声等。

噪声按其性质不同可分为加性噪声和乘性噪声。

（1）加性噪声是通过功率直接叠加的方式作用于有用信号，它的存在独立于有用信号，不管有没有信号，加性噪声都存在。从来源上看，加性噪声可分为无线电噪声、工业噪声、自然噪声、射频器件的内部热噪声等。

（2）乘性噪声是由于无线环境或者射频器件的非线性，伴随着无线信号的传输过程而产生的噪声。这种噪声与信号的关系是相辅相成的，有信号时存在，没有信号时不存在。

在无线通信中所说的噪声就是指相对于有用信号而言人们不需要的那部分信号。因此，可以用分析信号的方法来理解噪声，这时根据噪声功率谱密度和幅度分布的特性又可将其分为白噪声和高斯噪声。

白噪声是指功率谱密度在整个频域内均匀分布的噪声。这种噪声的功率密度是个常数，均匀分布在整个频率范围内，就像光学中的白光在全部可见光的频谱范围内基本连续且均匀分布，因此这种噪声被称为白噪声。

高斯噪声是指其概率密度函数服从高斯分布（即正态分布）的一类噪声。

在无线通信中噪声往往是无法避免的，因此衡量一个通信信道的指标时通常考虑信噪比。信噪比就是有用信号与噪声的功率之比，通常用 SNR 表示。

二、通信系统与通信网络

1. 通信系统

通信是将信号从一个地方向另一个地方传输的过程。用于完成信号的传递与处理的系统称为通信系统（Communication System）。

常用通信系统的分类方法有以下几种。

（1）按传输媒介不同分类

按传输媒介不同，通信系统可分为有线通信系统和无线通信系统。有线通信系统可以进一步分为明线通信系统、电缆通信系统、光缆通信系统等。无线通信系统常见的形式有微波通信系统、短波通信系统、移动通信系统、卫星通信系统、散射通信系统等。

（2）按信道中所传递的信号不同分类

按信道中所传递的信号不同，通信系统可分为模拟通信系统和数字通信系统。本书重点介绍数字通信系统。

（3）按工作频段不同分类

按工作频段不同，通信系统可分为长波通信系统、中波通信系统、短波通信系统、微波通信系统等。

各类通信系统使用的频段见表 1—1—1。

表 1—1—1　　各类通信系统使用的频段

频段	名称	波长	主要应用场合
30 ~ 300 kHz	长波	1 ~ 10 km	远距离通信、导航
300 ~ 3 000 kHz	中波	0.1 ~ 1 km	调幅广播、船舶通信、飞行通信
3 ~ 30 MHz	短波	10 ~ 100 m	调幅广播、调幅和单边带通信
30 ~ 300 MHz	超短波	1 ~ 10 m	调频广播、雷达与导航、移动通信
300 MHz 以上	微波	1 m 以下	微波中继通信、卫星通信、移动通信

（4）按调制方式不同分类

按调制方式不同，通信系统可分为基带传输系统和频带传输系统。信道传输的是信源发出的没有经过调制（即进行频谱搬移和变换）的原始电信号，称为基带传输。频带传输就是将基带信号的频谱搬移到较高的频带再传输。用基带信号对载波进行调制后得到的信号称为已调信号，又称为频带信号。本书将在第三章中详细介绍基带传输系统，在第四章中详细介绍频带传输系统。

（5）按业务不同分类

按业务不同，通信系统可分为电报、电话、传真、数据传输、可视电话、无线寻呼等系统。另外，从广义的角度来看，广播、电视、雷达、导航、遥控、遥测等也应列入通信的范畴，因为它们都满足通信的定义。由于广播、电视、雷达、导航等的不断发展，目前它们已从通信中派生出来，形成了独立的学科。

（6）按收信者是否运动分类

按收信者是否运动来分，通信系统可分为移动通信系统和固定通信系统。

另外，通信还有其他一些分类方法，如按多址方式可分为频分多址通信、时分多址通信、码分多址通信等；按用户类型不同可分为公用通信和专用通信等。

2. 通信网络

现代通信要实现多个用户之间的相互连接，就需要将不同的通信系统连接起来。由多个通信系统互连而形成的通信体系称为通信网络（Communication Network）。通信网络以交换设备为核心，由通信链路将多个用户终端连接起来，在控制系统的控制下实现多个用户的相互通信。例如，固定电话网就是一个通信网络，如图 1—1—8 所示。

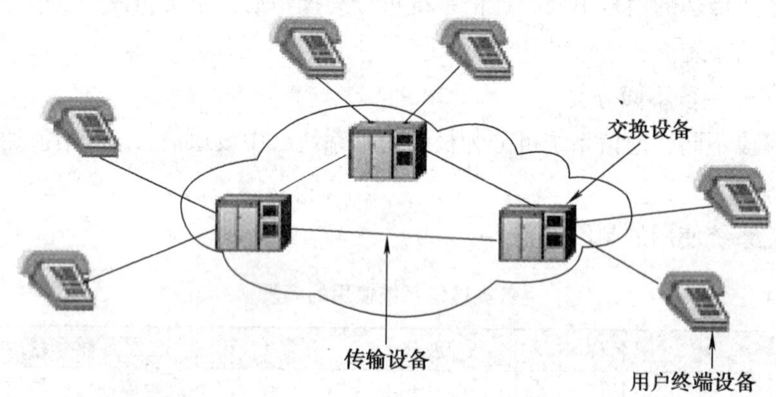

图 1—1—8　固定电话网的组成示意图

三、通信网络的转接与信号的交换

通常情况下通信业务是不均匀的，有时很忙，有时却很空。这对于安排信道容量和转接设备的容量，提出了不易解决的问题。设置的容量若按照最忙时的阻塞率不超过限度来决定，最空时的利用率就很低；反之，若按照最空时来决定，最忙时的阻塞率就很高，以致接通很慢，还会使控制信号的反复流通占去不少信道。最好能有一种方法将这种忙、空状态平均一下，因此使用到信息转接技术。

信息转接的主要原理是将待传送的信息存储起来，等到信道一有空就发出去。只要存储的时间足够长，例如 24 小时，就可将一天之内信道的忙、空状态均匀化，大大压缩必需的信道容量和转接设备容量。显然，这种方式对于要求实时性传输的对通电话信息是不允许的，对于传真等数据信号却是可以采用的。当然，存储时间太长也不合适，有时可用优先等级来使要求快速传输的信息及时发出，并适当增加信道容量以减少等候时间。

为了进行通信，需要将通信双方的终端用传输信道连接起来。要使多个用户所使用的点对点通信系统构成通信网，必须在用户终端之间适当位置上设立交换局及相应的交换设备。交换是指在需要运送信号时，将一些功能单元、传输通路或电信电路互连起来的过程，图 1—1—9 所示即为将终端之间通过交换设备连接。交换水平的高低、质量的优劣从某种程度上来讲，决定着整个通信网络通信质量的优劣和高低。

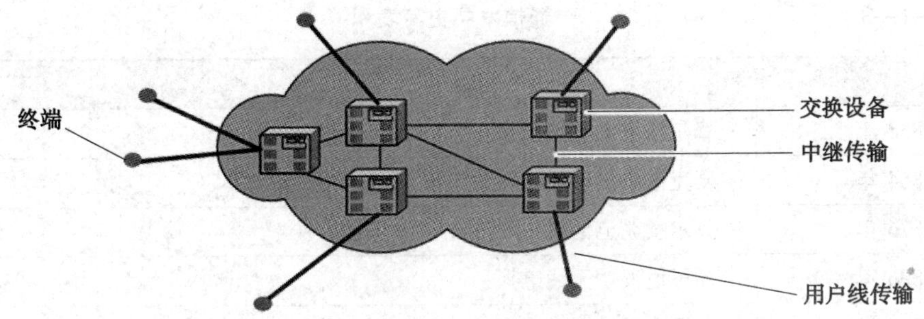

图 1—1—9　将终端之间通过交换设备连接

常用的交换技术按局内处理信号的方式可分为电路交换、信息交换和分组交换三种方式。新的交换方式还有异步转换模式交换（ATM）和光交换等。

四、通信标准

随着通信技术的发展，为了满足人们对通信的需要，通信系统和通信网络变得越来越复杂，在一个通信系统或通信网络中经常存在多个厂家的产品和服务，为了使不同厂家的产品和服务在同一个通信网络内能够有很好的相互操作性、兼容性，以及有更高的性价比，通常在不同厂家的产品和服务之间建立标准（Standard）。

按照不同级别，标准可分为企业标准、行业标准、国家标准和国际标准。一般来说，企业标准的要求最高，国际标准要求最低，表 1—1—2 所示是部分标准代号。

表 1—1—2　　部分标准代号

序号	代号	含义	管理部门
1	GB	中华人民共和国强制性国家标准	国家标准化管理委员会
2	GB/T	中华人民共和国推荐性国家标准	国家标准化管理委员会
3	GB/Z	中华人民共和国国家标准化指导性技术文件	国家标准化管理委员会
4	SJ	电子行业标准	工业和信息化部科技司（电子）
5	YD	通信行业标准	工业和信息化部科技司（邮电）
6	Q + *	中华人民共和国企业产品标准	企业

注：* 表示企业代号。

一、通信发展史

通信发展史简表见表 1—1—3。

表 1—1—3　　通信发展史简表

年　份	事　件
1838 年	摩尔斯发明有线电报
1864 年	麦克斯韦提出电磁辐射方程
1876 年	贝尔发明电话机
1896 年	马可尼发明无线电报
1907 年	电子管问世
1918 年	调幅无线电广播、超外差收音机问世
1925 年	开始利用三路明线载波电话进行多路通信
1936 年	调频无线电广播开播
1937 年	提出脉冲编码调制原理
1938 年	电视广播开播
1940—1945 年	雷达和微波通信系统迅速发展
1946 年	第一台电子计算机在美国问世
1948 年	晶体管面世，香农提出信息论
1950 年	时分多路通信应用于电话
1956 年	敷设了越洋电缆
1957 年	第一颗人造地球卫星上天
1958 年	第一颗人造通信卫星上天
1960 年	发明了激光
1961 年	发明了集成电路
1962 年	发射第一颗同步通信卫星，脉冲编码调制
1960—1970 年	发明了彩色电视，出现了高速数字计算机
1970—1980 年	大规模集成电路、商用卫星通信、程控数字交换机、光纤通信系统、微处理器等技术迅速发展
1980 年至今	超大规模集成电路、长波长光纤通信系统、综合业务数字网迅速崛起

二、标准化组织

用于全球通信的标准通常由全球性的机构制定，涉及通信的国际标准化组织主要有以下几种。

1．国际电信联盟

1865 年 5 月 17 日，法、德、俄、意、奥等 20 个欧洲国家的代表在巴黎签订了《国际电报公约》，国际电报联盟（International Telegraph Union，ITU）宣告成立。1932 年，70 多个国家的代表在西班牙马德里召开会议，制定《国际电信公约》，并决定自 1934 年 1 月 1 日起正式改称为“国际电信联盟”（International Telecommunication Union）。该联盟作为联合国的一个专门机构，其总部设在日内瓦。

联合国的任何一个主权国家都可以成为 ITU 的成员。成员国的政府（多数情况下是其电信管理部门的代表机构）在 ITU 中的地位是平等的，都要承担特别的义务，同时也享有特别的权利（投票权）。

国际电信联盟制定的标准被称为“建议书”，意思是非强制性的、自愿的协议。因为它保证了各国电信网的互联和运转，所以越来越广泛地被全世界各国所采用。

2. 国际标准化组织

国际标准化组织（ISO）成立于 1946 年，是自发组织起来的一个非官方机构，来自生产商、消费者、政府部门和民间团体的专家，由各成员国向 ISO 推荐，作为本国的代表。尽管 ISO 是一个非官方组织，但有 70% 以上的 ISO 成员是根据法律程序组成的政府的标准化机构或组织。其中，美国的代表是美国国家标准学会（ANSI）。

3. 美国国家标准学会

美国国家标准学会（ANSI）成立于 1918 年，是一个非营利性组织。其主要目标是协商美国国内自发形成的标准。它的成员包括工业公司、专业团体、商业协会、消费者团体和政府的管理机构。

4. 电子工业协会

电子工业协会（EIA）是一个非营利性组织，致力于促进电子制造业。它的活动不仅包括标准开发，而且还包括公共普及教育。

5. 3GPP（第三代合作伙伴计划）

3GPP 成立于 1998 年，它由欧洲的 ETSI、日本的 TTC 和 ARIB、韩国的 TTA、美国的 TIA 和中国通信标准化协会（CCSA）六个标准化组织组成。它最初的工作范围是为第三代移动通信系统指定全球使用技术规范和技术报告。第三代移动通信系统基于发展的 GSM 核心网络和它们所支持的无线接入技术，主要是 UMTS。3GPP 基本每年出台一个版本（Release），对于每个版本的业务功能和网络总体框架由业务和系统结构组来决定，最早的商用 LTE 版本是 R9。3GPP CT 已经启动了 5G 核心网协议的进一步标准化工作，中国移动牵头 5G 核心网协议等重要项目。

思考与练习

1. 判断题

（1）现代通信仅限于人与人之间的通信。　　（　　）

(2) 通信系统中的噪声会影响甚至破坏正常的通信。 (　　)

(3) 光纤通信不属于有线通信。 (　　)

(4) 在通信系统中经过调制后的信号称为基带信号。 (　　)

2. 填空题

(1) 通信系统中传输数字信号的通信方式称为________。

(2) 按照信道中所传递的信号不同，通信系统可分为__________通信系统和__________通信系统。

(3) 信号要通过信道才能到达目的地，信道一般分为________和________两大类。

3. 画出通信系统的一般模型。

§1—2　提高信号传输效率的方法

学习目标

1. 了解通信系统的质量指标。

2. 了解信道容量的概念。

3. 了解通信的基本业务。

一、通信系统的质量指标

在设计、衡量、比较和评价一个通信系统的优劣时，必然要涉及通信系统的各种性能指标。性能指标也称为质量指标，不同的系统其质量指标也不同。对于数字通信系统，衡量其优劣的性能指标很多，但归纳起来主要有以下几点。

1. 有效性指标

在数字通信系统中，有效性指标主要用信息传输速率和符号传输速率来描述，传输速率越高，表示系统的有效性越好。

(1) 信息传输速率（R_b）

信息传输速率又称为比特率、传信率，是指数字通信系统在单位时间内传输的比特数，用 R_b 表示，单位为 bit/s、b/s、bps（比特/秒），或 kbit/s、kb/s、kbps（千比特/秒），或 Mbit/s、Mb/s、Mbps（兆比特/秒），例如 30/32 路 PCM 基群的总比特率为 2. 048 Mb/s。

(2) 符号传输速率（R_B）

符号传输速率又称为码元速率，是指数字通信系统在单位时间内传输的码元数，用 R_B 表示，单位为 Baud 或 Bd（波特）。在数字通信系统中传输的数字信号的一个波形符号就是一个码元，它可能是二进制的，一个码元对应 1 bit 的信息量；也可能是多进制的，例如，在数字调制的 8PSK 中，一个八进制码元所携带的信息量是 3 bit。

（3）频带利用率（η）

在数字通信系统中，系统效率单从信道的信息传输速率来评价是不够的，还要用系统信道中单位频带内所实现的信息传输速率来衡量。单位频带内的信息传输速率称为频带利用率（η）。设 B 为信道所需的传输带宽，R_b 为信道的信息传输速率，则频带利用率为

$$\eta = R_b / B \text{ (bps/Hz)} \tag{1—2—1}$$

2．可靠性指标

数字通信系统的可靠性指标主要用传输的差错率来描述。差错率通常用误码率和误比特率来表示。差错率越大表示系统可靠性越差。

（1）误码率（P_e）

误码率是指在传输的码元总数中发生差错的码元数所占的比例，用 P_e 表示。

$$P_e = \frac{\text{发生错误码元的个数}}{\text{传输总码元数}} \tag{1—2—2}$$

式中，“发生错误码元的个数”和“传输总码元数”均为同一系统同一时间所发生的，显然，P_e 为平均误码率。误码率的大小由传输系统特性、信道质量及系统噪声等因素决定。

（2）误比特率（P_b）

误比特率又称误信率、比特差错率，是指在传输中发生差错的比特数占传输总比特数的比例，用 P_b 表示。

$$P_b = \frac{\text{发生差错的比特数}}{\text{传输的总比特数}} \tag{1—2—3}$$

式中，“发生差错的比特数”和“传输的总比特数”均为同一系统同一时间所发生的，因此，P_b 为平均误比特率。

二、信道容量

信道容量是指信道极限传输信息的能力，即信道无差错传输信息的最大信息速率，记为 C。信道容量一般分为编码信道容量和调制信道容量，在实际通信中主要研究调制信道容量。

在调制信道中，研究的是模拟信号的传输。在加性高斯白噪声背景下，调制信道的参量是调制信道的带宽、信号功率和高斯白噪声功率。高斯白噪声功率 N、信号功率 S、信道带宽 B 称为调制信道容量三要素。当 N 等于 0、S 为常数，即噪声为 0 时，信道容量为无穷大；当 S 为无穷大、N 为常数时，信道容量也为无穷大。加大信道容量的途径是减小 N，增大 S。增大带宽 B 并不能使信道容量变为无穷大，因为带宽 B 无穷大时，噪声功率

也变为无穷大。

三、通信的基本业务

随着科学技术的不断进步和社会生产力的不断发展，传统的电话、电报通信方式已不能完全满足人们日益丰富的现代社会生活对信息的需要，人们不仅要求听到对方的声音，接收到对方传送的文字信息，而且还希望看到对方的图像，接收到对方传送的文件、图表等信息，这样通信的基本业务就发生了变化，由传统的电话业务发展为下列业务：传真、可视图文、电子邮件、智能用户电报、电缆电视、图文电视、可视电话、会议电视、多媒体图像通信、高清晰度电视（HDTV）、移动通信等。

通信从专门业务转向综合业务，出现了综合业务数字网（ISDN），从单一业务到多样化业务，通过与计算机网络互连，为用户提供上网、发送电子邮件、网络电话等多种业务。信息通信系统已不仅仅局限于传送信息，正向能支持信息流通、促进信息流通的系统发展。

思考与练习

1. 填空题

（1）数字通信系统的可靠性指标主要用传输的__________来描述。差错率越大表示系统可靠性越__________。

（2）信道容量一般分为________信道容量和________信道容量，在实际通信中主要研究________信道容量。

（3）调制信道容量三要素是指______________、______________和______________。

2. 简答题

通信系统有哪些质量指标？

第二章　通信系统信号的传输和处理

§2—1　信号传输方式

学习目标

1．掌握模拟传输和数字传输的概念。

2．掌握串行传输和并行传输的概念。

3．掌握信号发送和接收方式。

在通信系统中，利用信号将消息传输给接收者。随着通信技术的发展，信号的传输方式越来越多，对信号的处理也有多种方法。按信号的形式不同可以将信号传输方式分为模拟传输和数字传输。早期的固定电话通信，传输线路上传输的是模拟信号，所以这种传输方式叫模拟传输，类似的还有早期的电视信号传输也是模拟传输。而现代通信中，往往将模拟信号转换为数字信号再传输，传输线路上传输的是数字信号，这种传输方式叫数字传输。按传输方法不同可以将信号传输方式分为串行传输和并行传输。按信号的流向不同可以将信号传输方式分为单工、半双工和全双工传输。本节介绍几种常用的信号传输方式。

一、模拟传输和数字传输

根据信道中传送的是模拟信号还是数字信号，可以将通信传输方式分成模拟传输方式和数字传输方式，由此也可将通信系统分为模拟通信系统和数字通信系统。模拟传输和数字传输是以信道中传输信号的不同来划分的，但实际上它们也不是绝对没有联系的，如果将信源输出的模拟信号经过模/数变换为数字信号，在接收端再进行相反的数/模变换，即可还原出原始的模拟信号，在这种方式中即是用数字传输方式传送了模拟信号。

1．模拟传输

代表信息的信号及其参数（幅度、频率或相位）随信息连续变化的信号称为模拟信号，模拟信号在幅度上连续，在时间上可以连续也可以不连续。

时间上连续的模拟信号称为连续信号，时间上不连续的信号称为离散信号。在通信系统中，往往将时间上不连续的模拟信号称为脉冲幅度调制（PAM）信号。所以，模拟信号有两种基本表现形式，如图2—1—1所示。

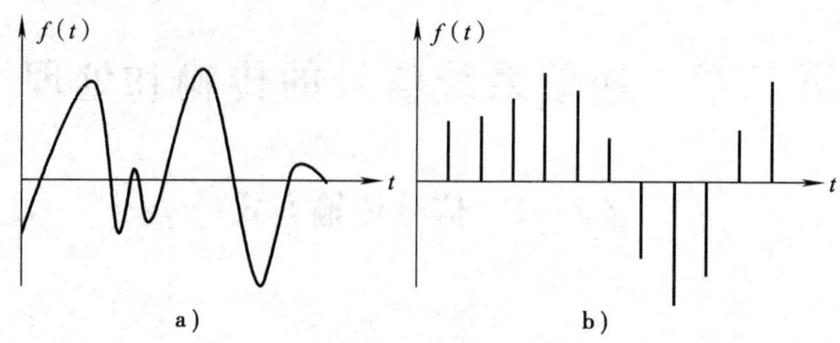

图 2—1—1　模拟信号

a）时间上连续的模拟信号　b）时间上不连续的模拟信号

如果信道上传输的信号是模拟信号，则这种信号传输称为模拟传输。

在模拟传输中，对信号要进行调制处理，将信号变换为适合在线路中传输的形式。模拟传输主要应用在模拟通信系统中，常见的模拟调制方式有调幅（AM）、调频（FM）和调相（PM），这三种模拟调制的波形如图 2—1—2 所示。图中，调幅波的振幅随着调制信号的某种特征的变换而变化，但频率保持不变；调频波的瞬时频率按调制信号的变化而变化，但振幅不变；调相波的振幅保持不变，但其相位随着调制信号而变化。早期的固定电话网就是最典型的模拟传输系统。

2．数字传输

在时间上和幅度上均取有限离散数值的信号称为数字信号。数字信号幅度离散，在时间上也是离散的。图 2—1—3a 所示是二进制数字信号，它只有两种取值，用 0 和 1 表示。图 2—1—3b 所示是四进制数字信号，它有四种取值，分别用 0、1、2、3 表示。常见的数字信号有电报、传真、计算机数据等。

如果信道上传输的信号是数字信号，则这种信号传输称为数字传输。

数字传输中必须对信号进行编码，如果信源是模拟信源，需要将信源进行 A/D 变换，将模拟信号转变为数字信号，然后再进行数字传输。光纤通信系统、卫星通信系统是典型的数字传输系统。

模拟传输与数字传输之间是可以相互转换的，如图 2—1—4 所示。

数字信号也可以经过数字调制在模拟传输系统中传输。经过数字调制以后的高频信号是模拟信号，它携带有数字信息。常见的数字调制有幅移键控（ASK）、频移键控（FSK）和相移键控（PSK），

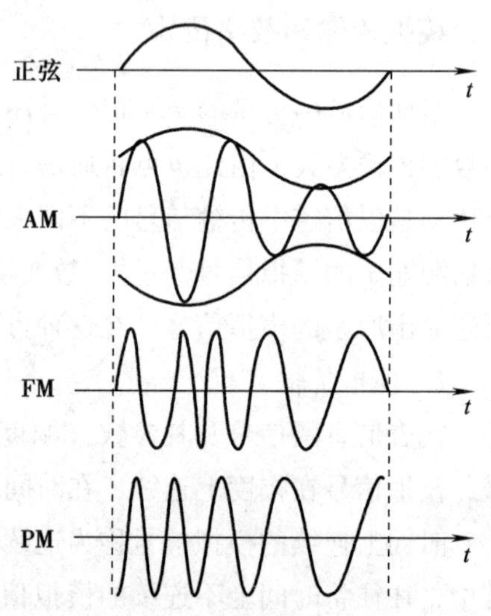

图 2—1—2　模拟传输波形

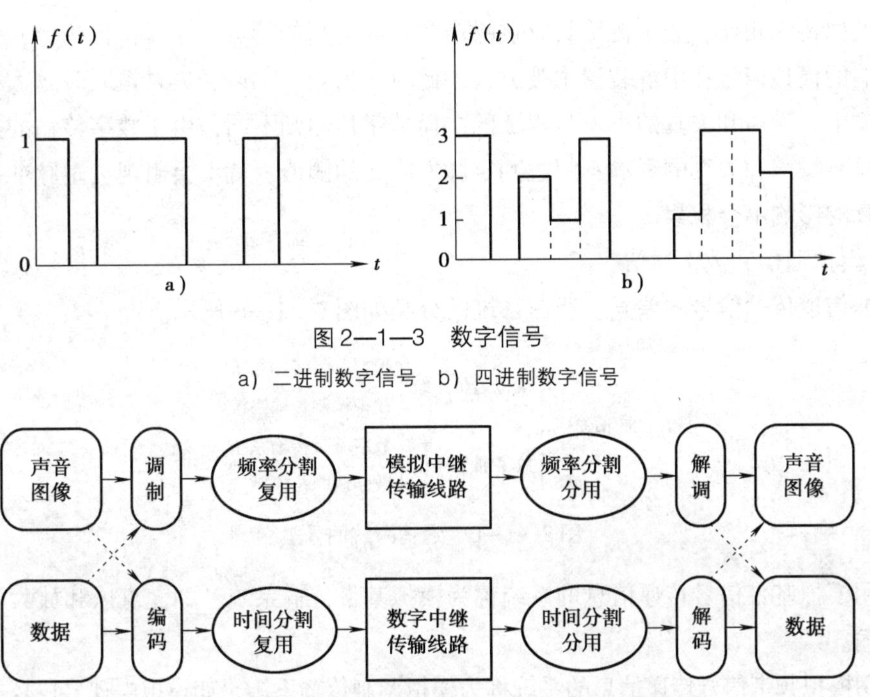

图 2—1—3　数字信号

a）二进制数字信号　b）四进制数字信号

图 2—1—4　模拟传输与数字传输之间的转换

这三种数字调制的波形如图 2—1—5 所示。图中，幅移键控载波幅度随着调制信号而变化，载波在数字信号 1 或 0 的控制下通或断，在信号为 1 的状态下载波接通，此时传输信道上有载波出现；在信号为 0 的状态下，载波被关断，此时传输信道上无载波传送。频移键控是利用两个不同频率 f_1 和 f_2 的振荡源来代表信号 1 和 0，用数字信号的 1 和 0 去控制两个独立的振荡源交替输出的。相移键控波形图像中，取码元为“1”时，调制后载波与未调载波同相；取码元为“0”时，调制后载波与未调载波反相；“1”和“0”时调制后载波相位差 180°。关于数字调制的内容，将在第四章中重点介绍。

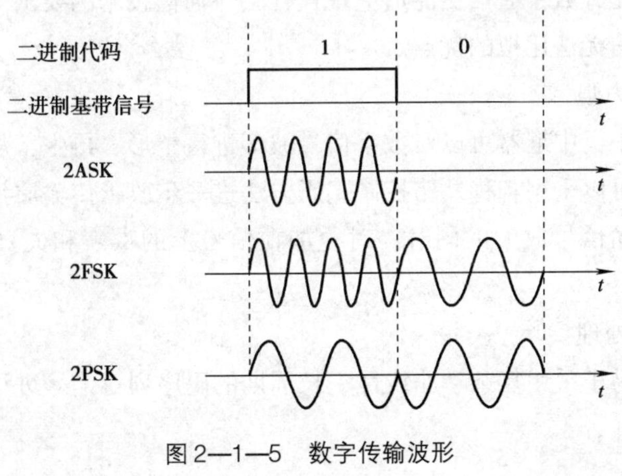

图 2—1—5　数字传输波形

与模拟传输相比，数字传输具有抗噪声和不易失真的特点。在模拟传输中，受噪声和失真影响的模拟信号在中继装置中被放大，此时，信号、噪声、失真被同时放大，所以在模拟传输中，噪声和失真的影响是累加的。而数字传输则不同，由于数字传输的是脉冲的有无，只要噪声和失真的影响不超过判定脉冲有无的阈值，就不会出现再生脉冲差错，噪声和失真的影响不会积累。

3．模拟通信和数字通信

根据信道传输信号的差异，通信系统的分类如图 2—1—6 所示。

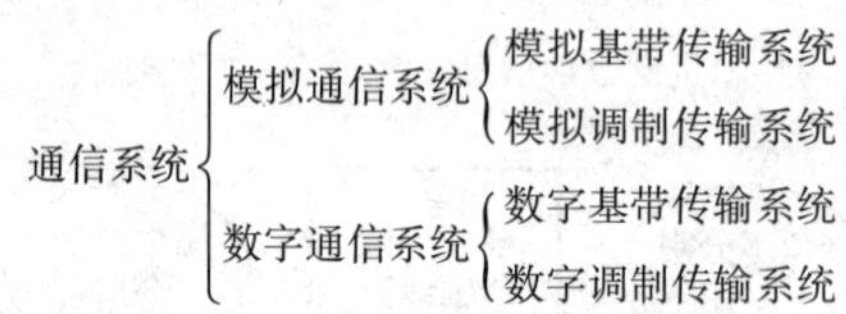

图 2—1—6　通信系统的分类

利用模拟基带信号传递信息的系统称为模拟基带传输系统，如麦克风和放大器之间的信息传输。

利用模拟频带信号传递信息的系统称为模拟调制传输系统，如模拟电视、广播等系统。

利用数字基带信号传递信息的系统称为数字基带传输系统，如计算机和外围设备（如打印机等）之间的信息传输。

利用数字频带信号传递信息的系统称为数字调制传输系统，如高清数字电视、光纤通信系统等。

信道中传输的是模拟基带信号或模拟频带信号的通信系统称为模拟通信系统。信道中传输的是数字基带信号或数字频带信号的通信系统称为数字通信系统。模拟通信系统仅使用模拟传输方式，而由于数字频带信号是模拟信号，因此数字通信系统既可以使用模拟传输方式，又可以使用数字传输方式。

与模拟通信相比，数字通信更能适应现代社会对通信技术的要求。这是因为数字通信具有一系列模拟通信无法比拟的优点。

（1）抗干扰能力强

在远距离通信中，中继器可以对数字信号波形进行整形、再生，从而消除噪声和失真的积累，此外，还可以采用各种差错控制编码方法进一步改善传输质量。但对模拟信号来说，中继器在对传输信号放大的同时，对叠加在信号上的噪声和失真也进行了放大，如图 2—1—7 所示。

（2）便于加密处理

在数字通信中易于采用复杂、非线性、长周期的码序列对信号进行加密，从而使通信具有高强度的保密性。

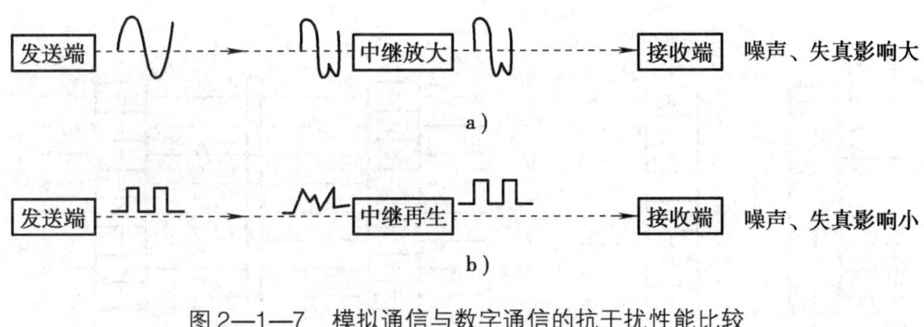

图 2—1—7　模拟通信与数字通信的抗干扰性能比较

a）模拟通信　b）数字通信

（3）易于实现集成化，使通信设备体积小、功耗低

由于数字通信中大部分电路都是由数字电路来实现的，微电子技术的发展可使数字通信便于用大规模和超大规模集成电路来实现。

（4）利于采用时分复用实现多路通信

数字信号本身可以很容易用离散时间信号表示，在两个离散时间之间可以插入多路离散时间信号实现时分多路复用。

当然，数字通信系统的许多优点是用比模拟信号占用更宽的频带而得到的。以电话为例，一路模拟电话仅占用约 4 kHz 带宽，而一路数字电话却要占用 20 ~ 64 kHz 的带宽。不过，随着信道带宽很宽的数字微波、卫星和光纤通信等系统，以及数字频带压缩技术的应用，数字通信占用频带宽的问题已经解决。

二、串行传输和并行传输

在数字通信系统中，一个特定的符号、一种状态往往都会用一组数字代码来表示。例如，计算机键盘的每一个符号用 7 位 ASCII 代码（7 位 ASCII 码是标准 ASCII 码，而 8 位 ASCII 码是扩充 ASCII 码）表示，脉冲编码调制（PCM）信号用 8 位二进制代码表示每一个状态。数字通信系统在传输这样的信号时有两种方式，即串行传输和并行传输。

1. 串行传输

将多位二进制码的各位码在时间轴上排列成一行，在一条传输线路上一位一位地传输的方式称为串行传输方式，如图 2—1—8a 所示。这种传输方式只需 1 条信号线和 1 条地线。

2. 并行传输

用多条传输线路同时传送多位二进制码的传输方式称为并行传输方式，如图 2—1—8b 所示。在这种传输方式中，传输线路的数量一般等于二进制码的位数。

串行传输和并行传输各有优缺点，串行传输的通信成本低但速度慢，并行传输的传输速度快但成本高。因此，在通信线路长时（即远距离传输）常使用串行传输方式，而在短距离的计算机之间或计算机与外围设备（如打印机、显示器等）之间常使用并行传输方式。这两种传输方式的比较见表 2—1—1。

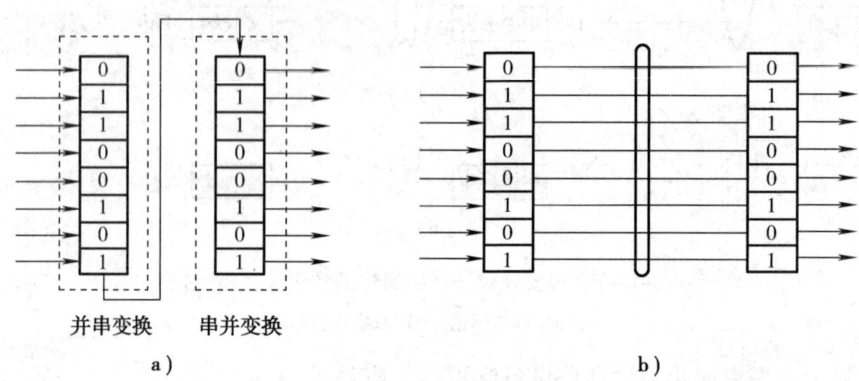

图2—1—8　数据的串行传输和并行传输

a）串行传输　b）并行传输

表2—1—1　串行传输与并行传输之间的比较

比较项目	串行传输	并行传输
传输方法	一位一位地传输	多位同时传输
传输线路	串行传输线路	并行传输线路
传输速度	慢	快
通信成本	低	高
用途	长距离通信	短距离通信

串行传输接口技术也在不断发展变化，USB（Universal Serial Bus，通用串行总线）接口在许多领域得到了广泛的应用，如键盘、鼠标、调制解调器、打印机、扫描仪、数码相机、MP3 等都可以通过 USB 接口连接到计算机上，USB 接口的通信速率也越来越高。串行接口标准及主要技术指标见表 2—1—2。

表2—1—2　串行接口标准及主要技术指标

标准名称	推出年份	通信速度
RS—232C	1960 年	20 kbps
IEEE1394（FireWire）	1995 年	400 Mbps
USB 1.0	1996 年	1.5 Mbps
USB 1.1	1998 年	12 Mbps
USB 2.0	2000 年	480 Mbps
FireWire800	2001 年	850 Mbps
USB 3.0	2008 年	5 Gbps

三、信号发送和接收方式

在通信系统中，最典型、最基本的通信方式是点对点通信，它是研究点对多点、多点对多点通信的基础。现实生活中，两部手机之间的通话就属于点对点通信。无线 WIFI 路由器和多部手机之间的通信就属于点对多点通信，移动应用“多视”支持多对多视频通话，就是多点对多点通信的应用。在点对点通信方式中，按照信号的流向和时间关系，可以将信号的发送和接收方式分为单工、半双工和全双工三种类型，如图 2—1—9 所示。至于采用哪种类型，则要根据传输线路和具体需要来决定。

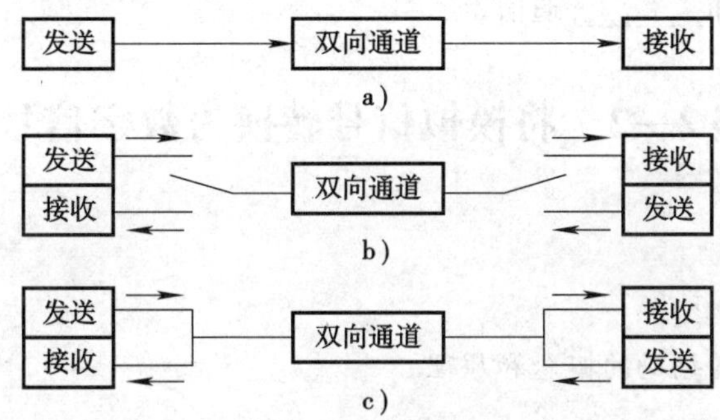

图 2—1—9 单工、半双工和全双工通信方式

a）单工通信 b）半双工通信 c）全双工通信

1. 单工通信

信号只能单方向传送，在任何时候都不能进行反向传输的通信方式称为单工传输，传统的广播、电视系统就是典型的单工传输系统，传统的收音机、电视机都只能接收信号，而不能向电台、电视台发送信号，如图 2—1—9a 所示。

2. 半双工通信

在半双工传输方式中，信号可以在两个方向上传输，但时间上不能重叠，即通信双方不能同时既发送信号又接收信号，而只能交替进行。即同一时间内不允许两个方向传送，只能有一个发送方，一个接收方，如对讲机使用的就是半双工通信方式，如图 2—1—9b 所示。

3. 全双工通信

这是应用最广的通信方式。在全双工通信方式中，信号可以同时在两个方向上传输。这种方案使用的也是双向信道。电话通信是最典型的全双工通信方式，如图 2—1—9c 所示。

思考与练习

1. 举例说明下列专业术语

（1）模拟传输和数字传输

（2）串行传输和并行传输

(3) 单工通信、半双工通信和全双工通信

2. 问答题

(1) 什么是模拟信号的数字传输？它与模拟通信有什么区别？

(2) 长距离通信通常采用什么通信方式？为什么？

3. 填空题

(1) 模拟信号在幅度上是________的，在时间上可以________也可以________。

(2) 数字信号在________和________上均是离散的。

(3) 在点对点通信中，按照信号的流向和时间关系，可以将通信方式分为________通信、________通信和________通信。

§2—2　将模拟信号转换为数字信号

掌握采样、量化、编码的概念和原理。

一般来说，来自自然界的信息主要是模拟信号，如语音、图像和各种测量信号等。由于数字通信系统在传输质量、信号处理等方面具有模拟通信系统不可比拟的优势，因此模拟信号的数字化传输已成为现代通信的重要组成部分。例如，第一代移动通信系统的语音部分传输是模拟方式，而第二代移动通信系统的 GSM 系统和 CDMA 系统以及第三代、第四代移动通信系统则都采用数字传输；固定电话系统中各交换机之间的信号传输也已全部数字化。为了使声音、图像等模拟信号能在数字通信系统中传输，必须将模拟信号转变为数字信号。模拟信号数字化必须经过采样、量化和编码三个过程。

将模拟信号数字化的方法有多种，本书重点介绍应用比较广泛、信号质量较高的 PCM（脉冲编码调制）编码。

PCM 系统中的信号转换和处理过程如图 2—2—1 所示。

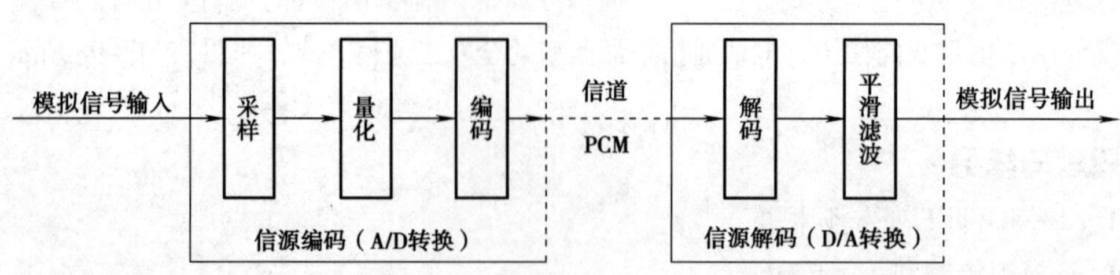

图 2—2—1　简单数字通信系统框图

发送端的主要任务是 A/D 转换，主要步骤为采样、量化和编码；接收端的主要任务是 D/A 转换，主要步骤是解码和平滑滤波。

一、采样

1．采样的概念及电路模型

将时间上连续的模拟信号转换为时间上离散的模拟信号，这个过程可以通过对模拟信号的采样来实现。采样也称取样、抽样，采样通常是以一定的时间间隔 T 提取信号的大小（幅度），其工作过程如图 2—2—2 所示。

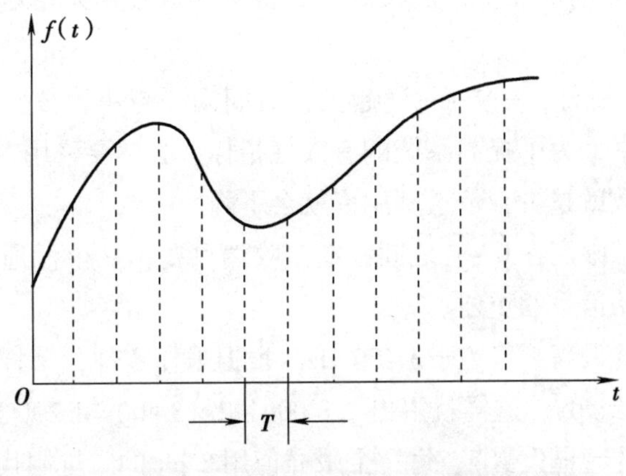

图 2—2—2　采样过程示意图

实现采样的电路模型如图 2—2—3 所示。采样电路实际上是一个电子开关，采样脉冲是一个周期性的矩形脉冲。在采样脉冲高电平出现期间电子开关导通，输出模拟信号，其余时间电子开关关闭，输出零电平。这样，随着电子开关周期性的导通与关闭，模拟信号被转换为样值脉冲序列。这个样值脉冲序列也称为脉冲幅度调制（PAM）信号，是一种幅度连续而时间不连续的模拟信号。

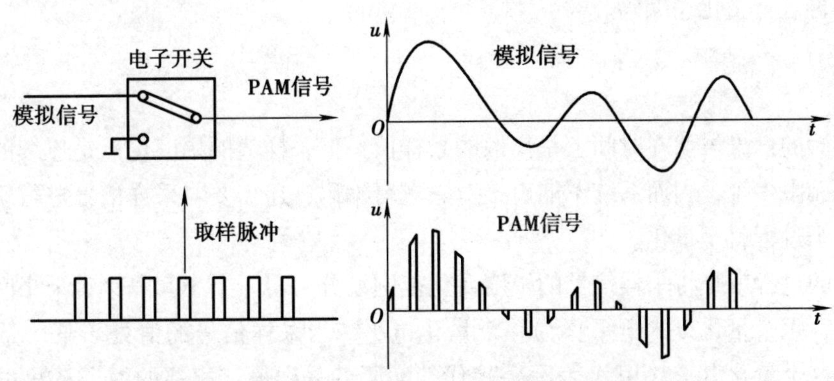

图 2—2—3　采样电路模型及采样波形示意图

2．采样定理

经过采样后形成的时间离散的样值信号能否无失真地恢复成原来的时间连续信号呢？

显然，提取信号样值的时间间隔越短就能越正确地恢复原始信号。但是，缩短时间间隔会导致数据量增加，所以缩短时间间隔必须适可而止。

理论证明，若时间连续信号 $f(t)$ 的最高频率为 f_m，只要采样频率 f_s 大于或等于 f_m 的 2 倍，即 $f_s \geqslant 2f_m$，就能够无失真地恢复原时间连续信号。这就是著名的奈奎斯特定理，也称为采样定理（抽样定理或取样定理）。

正确理解采样定理需要注意以下两个问题：

（1）只有在 $f_s \geqslant 2f_m$ 的情况下，接收端才能将采样信号无失真地恢复成原来的模拟信号，信息才不丢失。

（2）f_s 也不是越大越好，一方面，f_s 越大，时间间隔越小，数据量就会增加；另一方面，在数字通信系统中，为了提高系统的有效性指标，必然要采用时分多路复用，时间间隔越小，则复用的路数就越少，信道利用率就会下降。

假设原始信号频带限制在 0 ~ f_m 之间，在接收端只要用一个低通滤波器将原始信号频带滤出，就可获得原始信号的重建。

例如，话音信号的最高频率 f_m = 3 400 Hz，根据采样定理，采样频率取 8 000 Hz，采样周期 T = 1/8 000 = 125 μs，这样就留出了 8 000 − 2 × 3 400 = 1 200 Hz 的防卫带（设立防卫带是为了防止得到的频谱失真）。每一个采样值用 8 bit 的二进制代码表示，因此每一路话音信号的编码速率为 8 × 8 000 = 64 kbps。在通信系统中这个速率也称为零次群速率，是数据通信中最基本的速率标准。

3．采样保持

采样时，输入的模拟信号的值是连续变化的；采样后，输出的脉冲顶部是变化的。为了获得近似不变的准确的采样值，要求采样脉冲的脉冲宽度尽可能窄。另外，在后面的量化过程中，为了满足量化、编码的要求，采样值必须保持一段时间，这一过程称为采样保持，然后再进行量化、编码。

二、量化

采样后的信号虽然在时间上是离散的采样值，但采样值的幅度仍然是连续的，即幅度的取值有无限多个，因而系统不能直接对它进行编码，还需要对采样信号进行幅度上的离散化，这个过程就是量化。

量化的过程就是将采样信号的幅度变化范围划分为若干个小间隔，每个小间隔称为一个量化级，每个量化级的电平称为一个量化电平。当采样信号的值处于某一量化级附近时，就用这个量化电平（用 Δ 表示）来代替实际的采样值。相邻的两个量化电平之差称为量化级差或量化台阶。量化过程如图 2—2—4 所示，图中，横坐标表示抽样时刻；纵坐标表示信号取值，q_1，q_2，…，q_6 是量化后信号的 6 个可能输出量化电平，m_1，m_2，…，m_5 是量化区间的端点。例如，第一个样值落在了量化区间（m_1，m_2）内，我们可以用 q_2 这个量化值代替。若信号落在了过载区，就用一个与它最近的量化值代替。

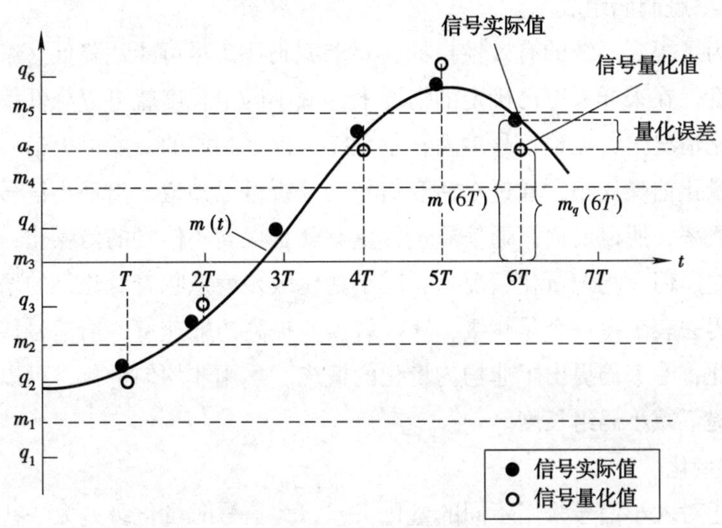

图 2—2—4　量化过程示意图

在图 2—2—4 中，M 个量化区间是等间隔划分的，这种量化方式称为均匀量化；M 个量化间隔也可以是不相等的，这种量化方式称为非均匀量化。

1. 均匀量化

均匀量化的量化级差在整个信号的电平范围内是均匀分布的，不管信号是大是小，量化级差都相同，见表 2—2—1。

表 2—2—1　　均匀量化

输入	$(0\sim1)\Delta$	$(1\sim2)\Delta$	$(2\sim3)\Delta$	$(3\sim4)\Delta$	$>4\Delta$（为过载区）
输出	0.5Δ	1.5Δ	2.5Δ	3.5Δ	3.5Δ

当输入信号在 $(0\sim1)\Delta$ 范围时，输出信号都量化成 0.5Δ；当输入信号在 $(1\sim2)\Delta$ 范围时，输出信号都量化成 1.5Δ；依此类推，当输入信号超过 4Δ 时，输出信号都量化成 3.5Δ。采样值为负的情况与此类似。

从表 2—2—1 中可以看出，未过载时，量化电平与采样值的最大差值为 0.5Δ；过载时，量化误差会超过 0.5Δ，实际应用中应尽量避免过载。解决过载的办法是在量化之前加限幅器，使量化器的输入信号不进入过载区。本书只讨论未过载情况下信号的量化。

量化是一种有损变换。量化前和量化后信号的差值表现为量化噪声，这是数字通信系统中最主要的噪声来源。

为了保证话音信号经过数字化编码及解码之后有一个可以令人接受的清晰度，平均量化信噪比应达到26 dB。根据对话音信号的统计与计算，如果将整个话音信号的电压变化范围均匀地分成2^{11}个量化级，量化信噪比可以达到26 dB。因此，均匀量化时每个量化电平需要用11位二进制码组表示。

通信系统为了提高系统的有效性指标，要求编码速率尽可能地降低。编码速率＝采样频率×码组长度。在采样频率已确定的情况下，减小码组长度就可以降低编码速率。

在均匀量化情况下，无论信号多大，量化噪声都是相同的，所以大信号的量化信噪比大，小信号的量化信噪比小。通过对话音信号的分析可以知道，出现小信号的概率要大于出现大信号的概率，所以要提高通信质量，重点就是提高小信号的信噪比，也就是减小小信号的量化级差。但在均匀量化情况下，减小量化级差就意味着量化级的增多，也就需要更多位数的代码去表示每一个量化级，这样就需要提高传输速率，给信号传输和设备制造带来困难。为此，专家们提出了非均匀量化的概念，采用非均匀量化，可以在满足量化信噪比要求的前提下减小码组长度。

2. 非均匀量化

非均匀量化对大小信号采用不同的量化级差，大信号时量化级差大一些，小信号时量化级差小一些，见表2—2—2。

表2—2—2　　非均匀量化

输入	(0～0.5)Δ	(0.5～1)Δ	(1～2)Δ	(2～4)Δ	>4Δ（为过载区）
输出	0.25Δ	0.75Δ	1.5Δ	3Δ	3Δ

从表2—2—2可以看出，与均匀量化相比，小信号时量化级差小，量化信噪比提高了；大信号时信噪比虽然下降了，但是也能满足系统要求。

实现非均匀量化的方法之一是采用压缩扩张技术。压缩扩张技术的要点是在发送端对输入的信号进行压缩处理后再进行均匀量化，在接收端进行扩张处理，其原理如图2—2—5所示。由图可见，在发送端均匀量化之前，先对信号进行压缩处理，压缩过程实际上是一个非线性放大过程，它对小信号的放大幅度大，而对大信号的放大幅度小；经过压缩的信号再进行均匀量化编码，实际上相当于对原信号进行了非均匀量化。

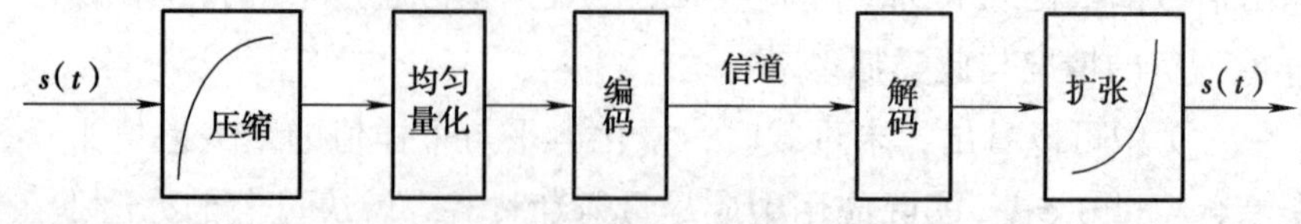

图2—2—5　非均匀量化的原理

信号经过均匀量化和编码后，送到信道上传输，在接收端通过解码恢复的信号仍然是被压缩了的信号。为了恢复原信号，在接收端要对解码后的信号进行扩张。扩张是压缩的逆过程，与压缩的特性要严格相反，这样接收端恢复的信号才不会失真。压缩和扩张特性曲线如图 2—2—6 所示。

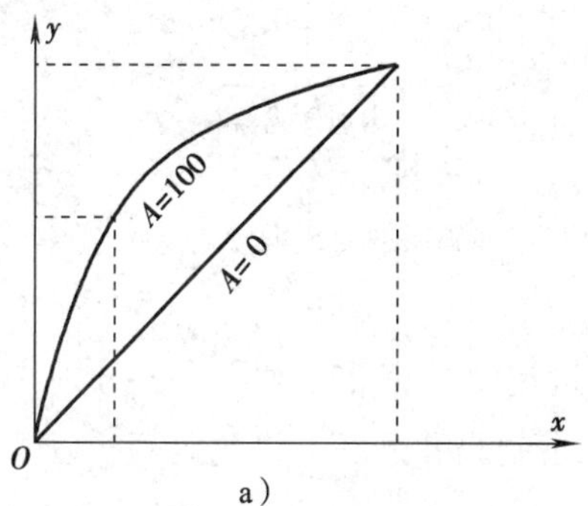

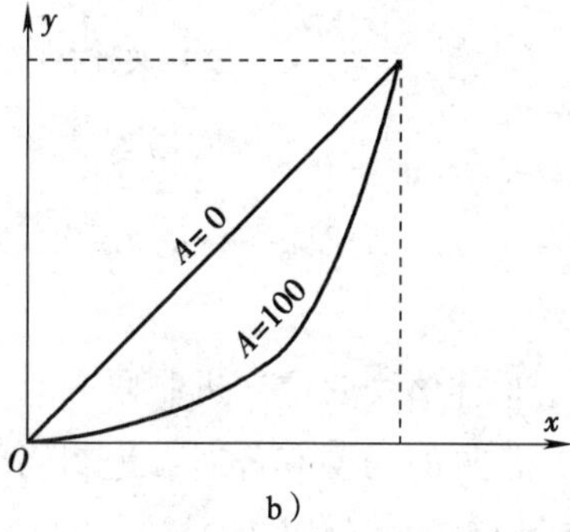

图 2—2—6　压缩和扩张特性曲线

a）压缩特性　b）扩张特性

对话音信号的压缩特性，ITU—T（国际电信联盟电信标准分局）的建议有两个标准，一个是 A 律，另一个是 μ 律。A 律主要用于英国、法国、德国等欧洲各国和我国，而 μ 律主要用于美国、加拿大和日本等国。

3. 量化噪声

采样值一旦进行了量化，以后不管如何处理，只能恢复成量化电平，无法再精确地恢复到原信号的值，量化前的信号幅度与量化后的信号幅度出现了误差，这一差值在恢复信号时将会以噪声的形式表现出来，所以将此差值称为量化噪声，其在通信中表现为加性噪声。要降低这种噪声，只需将量化间隔减少就可以了，但是减少量化间隔会引起分层数目的增加，导致数据量的增大。所以量化的分层数也必须适当，一般根据所需的信噪比（S/N）来确定。在电话中传送话音时，量化级数取 256，同时还应采用非均匀量化。

当均匀量化的级数一定时，信号的幅度越小则量化误差相对信号而言其比值就越大。采用非均匀量化，将小信号部分的量化间隔减小，而将大信号部分的量化间隔加大，这样可以使信噪比保持一定数值，不随信号的幅度值变化而变化。

三、编码

将每个量化电平用一组二进制代码表示的过程称为编码。在实际设备中，量化和编码是同时完成的。下面介绍常用的逐次反馈比较型脉冲编码调制（PCM）编码的过程。

脉冲编码调制是通信领域应用最广的波形编码方式，其标准是 ITU—T G. 711。PCM 编码器的组成框图如图 2—2—7 所示。

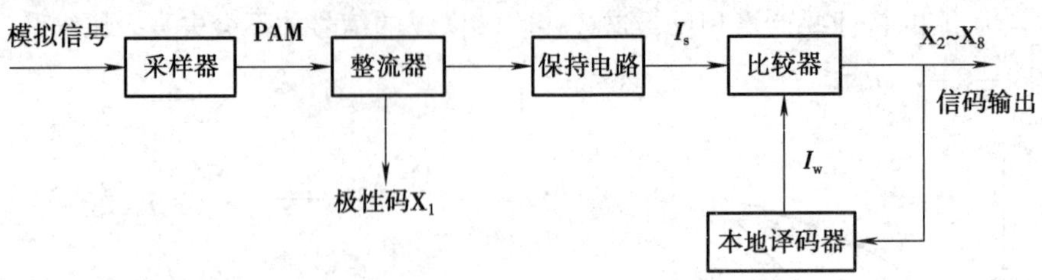

图 2—2—7　逐次反馈比较型 PCM 编码器的组成框图

1. 码型选择

每一个采样值用 8 位二进制码表示。8 位二进制码共有 256 种组合，分别代表 256 个量化电平，常见的码型有普通二进制码、折叠二进制码和循环二进制码等。以 4 位码为例构成的各种码型的码组见表 2—2—3。

表 2—2—3　　　4 位码构成的码组与所表示数值的对应关系

电平序号	普通二进制码	循环二进制码	折叠二进制码
0	0000	0000	0111
1	0001	0001	0110
2	0010	0011	0101
3	0011	0010	0100
4	0100	0110	0011
5	0101	0111	0010
6	0110	0101	0001
7	0111	0100	0000
8	1000	1100	1000
9	1001	1101	1001
10	1010	1111	1010
11	1011	1110	1011
12	1100	1010	1100
13	1101	1011	1101
14	1110	1001	1110
15	1111	1000	1111

由表 2—2—3 中可以看出，折叠码与普通码的对应关系是以编码电平值的中线为界，折叠码的下半部分（电平序号 8 ~ 15）与普通码是一样的，上半部分除第 1 位码外，后面的代码与下半部分是对称的，所以称为折叠二进制码。表中普通二进制码和折叠二进制码的第 1 位码均表示信号的极性，即采样值为正时，第 1 位码为“1”；采样值为负时，第 1 位码为“0”。除第 1 位码之外，其余的码表示的是采样值的幅度。从折叠码的特性可以看出，只要量化电平的绝对值相同，幅度编码就是相同的，也就是说，幅度编码与极性没

有关系。这样在编码时就可以先根据信号的极性确定极性码，后面的编码就不用考虑极性，可以使编码过程大为简化。

2. A 律 13 折线压缩特性曲线

要进行编码就要求量化间隔能成为简单的整数倍关系。在二进制编码中，这种关系为 2^n 倍，其中 n 为整数。对于这一要求，直接采用 A 律或 μ 律的压缩和扩张特性曲线是做不到的（连续压扩特性，需无穷多个量化级）。若采用若干段折线组成的非均匀压缩和扩张特性曲线就能实现，但要求折线的压扩特性要近似 A 律或 μ 律。

我国在实际的编码器中使用一小段折线来近似模拟 A 律的压缩特性。设在直角坐标系中，x 轴与 y 轴分别表示压缩器的输入信号和输出信号的取值范围，而且都为归一化数值。将 x 轴的信号正向取值区间［0，1］不均匀地分成 8 段，分段点为 1，1/2，1/4，1/8，1/16，1/32，1/64，1/128，0，然后将每一段均匀地分成 16 个量化级，这样在 0 ~ 1 范围内共有 8 × 16 = 128 个量化级，如图 2—2—8 所示。

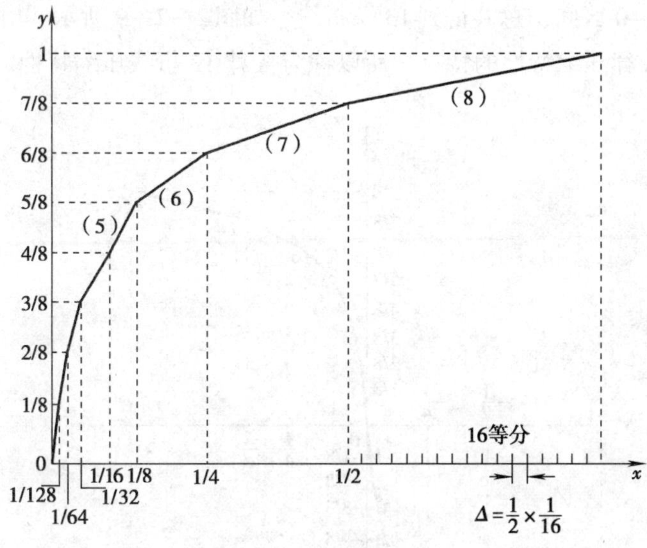

图 2—2—8 压缩特性曲线

各段之间的量化级差是不相同的，而在各段之内的量化级差是相同的，最大的量化级差为（1/2）÷16 = 1/32，最小的量化级差为（1/128）÷16 = 1/2 048，设 Δ = 1/2 048 为量化级差的一个基本单位。x 轴上各量化电平值见表 2—2—4。

表 2—2—4 各段起始电平与量化台阶 单位：Δ = 1/2 048

段落	起始电平	量化电平	量化台阶
1	0	0，1，…，15	1
2	16	16，17，…，31	1
3	32	32，34，…，64	2

续表

段落	起始电平	量化电平	量化台阶
4	64	64，68，…，124	4
5	128	128，136，…，248	8
6	256	256，272，…，496	16
7	512	512，544，…，992	32
8	1 024	1 024，1 088，…，1 984	64

再将 y 轴均匀地分为 8 段，分段点为 1，7/8，6/8，5/8，4/8，3/8，2/8，1/8，0。每段再均匀地分为 16 等分，这样就得到了均匀量化的 128 个量化级。将 x 轴上各段的起始电平作为横坐标，将 y 轴上各段的起始电平作为纵坐标，则可在坐标系的第一象限上得到 8 个点。将相邻的点用直线连起来，得到 8 条折线，因为第 1、2 条折线的斜率相等，再考虑对称的 -1 ~0 区间，总共得到 13 条折线，如图 2—2—9 所示。由这 13 条折线构成的压缩特性具有 A 律压缩特性的特点，所以称为 A 律 13 折线压缩特性。

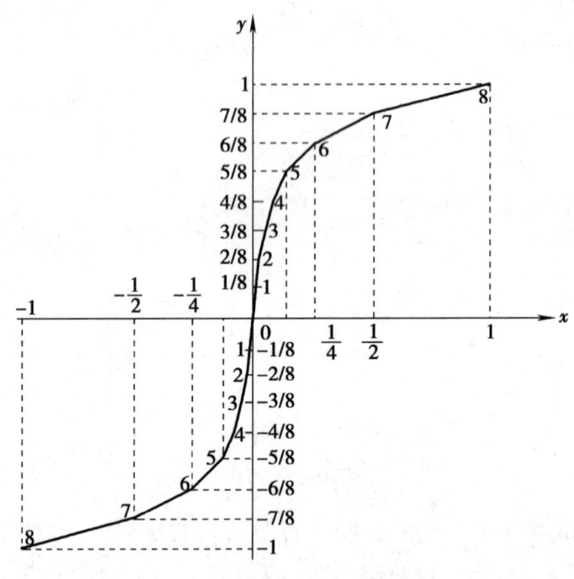

图 2—2—9　A 律 13 折线压缩特性曲线

3. 编码过程

编码的方法很多，可以通过查编码表的方法进行编码，也可以通过逐次反馈比较的方法进行编码，本书重点介绍通过逐次反馈比较的方法进行编码。

由于 A 律 13 折线压缩特性将整个信号电平范围分为 256 个量化级，所以需要采用 8 位二进制码组来表示每一个量化级。这 8 位码的安排如下：

极性码	段落码	段内码
X_1	X_2、X_3、X_4	X_5、X_6、X_7、X_8

其中，X_1 称为极性码，表示信号采样值的极性。采样值为正，则 $X_1=1$；采样值为负，则 $X_1=0$。X_2、X_3、X_4有 000～111 共 8 种组合，表示信号所处的段落，称为段落码（见表2—2—5）。如处在第1段，则 $X_2X_3X_4=000$；如处在第7段，则 $X_2X_3X_4=110$。X_5、X_6、X_7、X_8有 0000～1111 共 16 种组合，表示每一段落内的 16 个均匀量化级，说明采样值处于大段落中的某一小区间内（见表2—2—6）。

表2—2—5　　段落码的编码规则

段落序号	段落码 $X_2X_3X_4$	段落范围（量化单位）
8	111	1 024～2 048
7	110	512～1 024
6	101	256～512
5	100	128～256
4	011	64～128
3	010	32～64
2	001	16～32
1	000	0～16

表2—2—6　　段内码的编码原则

量化间隔	段内码 $X_5X_6X_7X_8$
15	1111
14	1110
13	1101
12	1100
11	1011
10	1010
9	1001
8	1000
7	0111
6	0110
5	0101
4	0100
3	0011
2	0010
1	0001
0	0000

表 2—2—7 所示是信号电平和折叠二进制码的对应关系，表中所列的信号电平在 0 ~ 2 048 范围内，因此 X_1 均为“1”。如果信号电平在 0 ~ −2 048 范围内，则 X_1 均为“0”。表中码组表示相应的信号电平范围。例如，当信号采样电平在 +496 ~ +512 范围内，码组为 11011111；如果采样信号电平在 −108 ~ −104 范围内，码组为 00111010。

表 2—2—7　　信号电平与 PCM 码组的对应关系

电平范围	码组 $X_1 \sim X_8$	电平范围	码组 $X_1 \sim X_8$	电平范围	码组 $X_1 \sim X_8$	电平范围	码组 $X_1 \sim X_8$
0 ~ 1	10000000	32 ~ 34	10100000	128 ~ 136	11000000	512 ~ 544	11100000
1 ~ 2	10000001	34 ~ 36	10100001	136 ~ 144	11000001	544 ~ 576	11100001
2 ~ 3	10000010	36 ~ 38	10100010	144 ~ 152	11000010	576 ~ 608	11100010
3 ~ 4	10000011	38 ~ 40	10100011	152 ~ 160	11000011	608 ~ 640	11100011
4 ~ 5	10000100	40 ~ 42	10100100	160 ~ 168	11000100	640 ~ 672	11100100
5 ~ 6	10000101	42 ~ 44	10100101	168 ~ 176	11000101	672 ~ 704	11100101
6 ~ 7	10000110	44 ~ 46	10100110	176 ~ 184	11000110	704 ~ 736	11100110
7 ~ 8	10000111	46 ~ 48	10100111	184 ~ 192	11000111	736 ~ 768	11100111
8 ~ 9	10001000	48 ~ 50	10101000	192 ~ 200	11001000	768 ~ 800	11101000
9 ~ 10	10001001	50 ~ 52	10101001	200 ~ 208	11001001	800 ~ 832	11101001
10 ~ 11	10001010	52 ~ 54	10101010	208 ~ 216	11001010	832 ~ 864	11101010
11 ~ 12	10001011	54 ~ 56	10101011	216 ~ 224	11001011	864 ~ 896	11101011
12 ~ 13	10001100	56 ~ 58	10101100	224 ~ 232	11001100	896 ~ 928	11101100
13 ~ 14	10001101	58 ~ 60	10101101	232 ~ 240	11001101	928 ~ 960	11101101
14 ~ 15	10001110	60 ~ 62	10101110	240 ~ 248	11001110	960 ~ 992	11101110
15 ~ 16	10001111	62 ~ 64	10101111	248 ~ 256	11001111	992 ~ 1 024	11101111
16 ~ 17	10010000	64 ~ 68	10110000	256 ~ 272	11010000	1 024 ~ 1 088	11110000
17 ~ 18	10010001	68 ~ 72	10110001	272 ~ 288	11010001	1 088 ~ 1 152	11110001
18 ~ 19	10010010	72 ~ 76	10110010	288 ~ 304	11010010	1 152 ~ 1 216	11110010
19 ~ 20	10010011	76 ~ 80	10110011	304 ~ 320	11010011	1 216 ~ 1 280	11110011
20 ~ 21	10010100	80 ~ 84	10110100	320 ~ 336	11010100	1 280 ~ 1 344	11110100
21 ~ 22	10010101	84 ~ 88	10110101	336 ~ 352	11010101	1 344 ~ 1 408	11110101
22 ~ 23	10010110	88 ~ 92	10110110	352 ~ 368	11010110	1 408 ~ 1 472	11110110
23 ~ 24	10010111	92 ~ 96	10110111	368 ~ 384	11010111	1 472 ~ 1 536	11110111
24 ~ 25	10011000	96 ~ 100	10111000	384 ~ 400	11011000	1 536 ~ 1 600	11111000
25 ~ 26	10011001	100 ~ 104	10111001	400 ~ 416	11011001	1 600 ~ 1 664	11111001
26 ~ 27	10011010	104 ~ 108	10111010	416 ~ 432	11011010	1 664 ~ 1 728	11111010
27 ~ 28	10011011	108 ~ 112	10111011	432 ~ 448	11011011	1 728 ~ 1 792	11111011
28 ~ 29	10011100	112 ~ 116	10111100	448 ~ 464	11011100	1 792 ~ 1 856	11111100
29 ~ 30	10011101	116 ~ 120	10111101	464 ~ 480	11011101	1 856 ~ 1 920	11111101
30 ~ 31	10011110	120 ~ 124	10111110	480 ~ 496	11011110	1 920 ~ 1 984	11111110
31 ~ 32	10011111	124 ~ 128	10111111	496 ~ 512	11011111	1 984 ~ 2 048	11111111

在编码时，极性码首先在整流电路中产生，其他各位码按顺序通过逐次比较产生。从表2—2—5中可以看出，如果信号的采样值位于前4段范围内，$X_2=0$；位于后4段范围内，$X_2=1$。也就是说，只要将采样值与第5段的起始电平128Δ相比，就可以确定X_2为0还是1。如果$X_2=1$，说明采样值在后4段，然后就可以以第7段的起始电平512Δ作为比较电平来确定X_3为0还是为1。同理，如果$X_2=0$，说明采样值处于前4段，就要用第3段的起始电平32Δ作为比较电平来确定X_3为0还是为1。后面的编码依此类推。段落码的编码过程如图2—2—10所示。

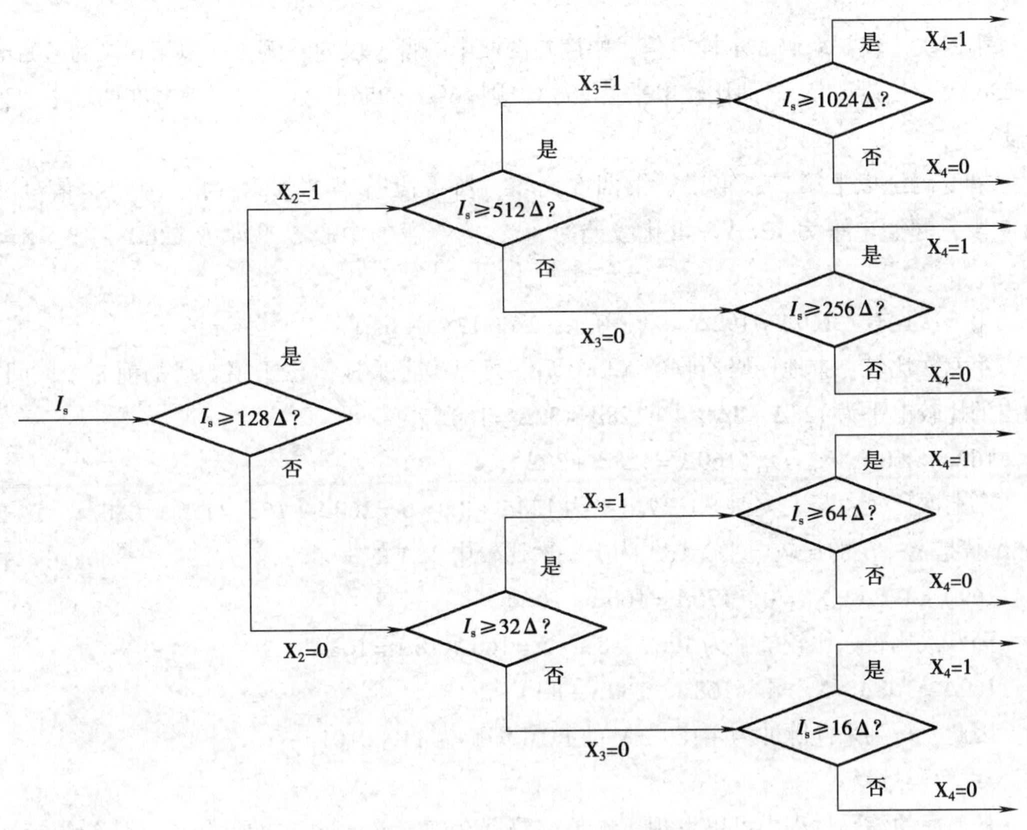

图2—2—10　段落码的编码过程

【例2—2—1】　设一脉冲编码调制器的最大输入信号电平范围为 −2 048 ~ +2 048 mV，试对一电平为 +169 mV 的采样脉冲进行编码。

解：设采样脉冲电平为I_s，且$I_s=+169\Delta$，这里$\Delta=1$ mV。

（1）首先决定极性码为X_1。第一次比较：比较电平为0，则$+169\Delta\geqslant 0$（信号为正），$X_1=1$。

以下是幅度编码$X_2\sim X_8$，因为信号的极性已由X_1确定，现只对样值信号的绝对值进行幅度编码（编7位码），所以叫幅度编码，它由3位段落码和4位段内码组成。

（2）段落码的编码：$X_2 \sim X_4$。如图2—2—9所示，A律13折线有8段（正半部分），则用3位码来表示。

第二次比较：X_2码表示样值信号幅度在8段中的哪4段内，以第5段起始电平为对分点。因此，X_2码的比较电平为第5段的起始电平128Δ，则$169\Delta \geqslant 128\Delta$，$X_2=1$（信号在5~8段）。

第三次比较：X_3码表示信号幅度在四段中的哪两段内，例中应以第7段的起始电平512Δ为对分点。X_3码的比较电平为512Δ，则$169\Delta < 512\Delta$，$X_3=0$（信号在第5、6段）。

第四次比较：X_4码表示样值信号幅度在两段中的哪一段内，例中应以第6段的起始电平256Δ为对分点。X_4码的比较电平为256Δ，则$169\Delta < 256\Delta$，$X_4=0$（信号在两段中的第5段）。

幅度码经以上第二、第三、第四次比较，所得段落码$X_2X_3X_4$为“100”，信号在第5段，起始电平为128Δ，量化级差为8Δ，第5段的中心电平即为$128\Delta + 8\Delta \times 8 = 192\Delta$。

第五次比较：$169\Delta < 192\Delta$，$X_5=0$（$192\Delta = 128\Delta + 64\Delta$）。

第六次比较：本地译码器收到$X_5=0$后，可以确定采样值位于第5段的前8个区间，输出的比较电平为$128\Delta + 8\Delta \times 4 = 128\Delta + 32\Delta = 160\Delta$。

$169\Delta \geqslant 160\Delta$，$X_6=1$（$160\Delta = 128\Delta + 32\Delta$）。

第七次比较：与上类似，比较电平为$128\Delta + 8\Delta \times 6 = 160\Delta + 16\Delta = 176\Delta$（注意，这里$160\Delta$就是上一次的比较电平，$16\Delta$为上一次比较中$32\Delta$的一半）。

$169\Delta < 176\Delta$，$X_7=0$（$176\Delta = 160\Delta + 16\Delta$）。

第八次比较：比较电平为$128\Delta + 8\Delta \times 5 = 160\Delta + 8\Delta = 168\Delta$。

$169\Delta \geqslant 168\Delta$，$X_8=1$（$168\Delta = 160\Delta + 8\Delta$）。

因此，得到采样脉冲为+169 mV的PCM编码为11000101。

4．解码过程

从前面的编码过程中可以发现，本地译码器在确定X_8时输出的比较电平已经很接近信号的采样值，它是根据$X_2 \sim X_7$的结果而得到的。对于编码器来说，X_8产生后，一个采样值的编码就结束了，本地编码器的输出回到128Δ，准备下一个采样值的编码。而对于接收端的译码器来说，还要考虑X_8。例如，在上例中，因为$X_8=1$，说明信号在168Δ和176Δ之间，所以就在第八次比较电平的基础上加上半个量化级差4Δ（注意，这里4Δ=发送端最后一次比较中8Δ的一半），这样可以使译码器输出与原信号采样值的误差减小到4Δ范围内。在上例中，译码器的最终输出为$168\Delta + 4\Delta = 172\Delta$，量化误差为$172\Delta - 169\Delta = 3\Delta$，所以量化误差为3 mV。

图2—2—11所示为PCM译码器原理框图。图中，“极性控制器”从8位二进制码组

中取出 X_1（极性码）去控制极性转换电路，根据收到的极性码是 1 还是 0 来判断 PCM 采样值的极性。译码电路在写入脉冲（与码元周期相同的时钟脉冲）的作用下将后 7 位码元输入进行译码。当第 7 位码元进入译码器后，在控制脉冲的作用下将译码结果输出，控制脉冲由帧同步电路产生，它与编码器的采样脉冲的频率相同，都是 8 kHz。当 $X_1=1$ 时，放大器同相放大，输出正脉冲；当 $X_1=0$ 时，则反相放大，输出负脉冲。译码输出信号经过同相或反相放大后变成 PAM 信号，由低通滤波器滤除高频分量后即得到恢复的模拟信号。

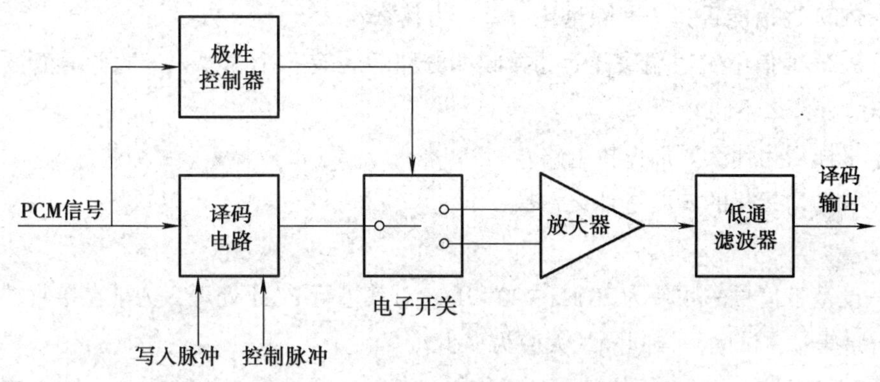

图 2—2—11　PCM 译码器原理框图

【例 2—2—2】　某设备未过载电平的最大值为 4 096 mV，有一幅度为 2 000 mV 的采样值通过 A 律 13 折线逐次反馈编码器。写出编码器的编码过程及输出的 8 位 PCM 码，并计算接收端的量化误差。

解： 4 096 mV/2 000 mV = 2 048Δ/X，则 X = 1 000Δ（这里 Δ = 2 mV）。

（1）因为 1 000Δ > 0，所以 $X_1=1$。

（2）因为 1 000Δ > 128Δ，所以 $X_2=1$（采样值在第 5 ~ 8 段）。

（3）因为 1 000Δ > 512Δ，所以 $X_3=1$（采样值在第 7 ~ 8 段）。

（4）因为 1 000Δ < 1 024Δ，所以 $X_4=0$（采样值在第 7 段）。

（5）因为 1 000Δ > 768Δ，所以 $X_5=1$（关键是确定比较电平值，512Δ + 256Δ = 768Δ）。

第 7 段起始电平为 512Δ，段落差为 512Δ，512Δ + 512Δ/2 = 768Δ，则 $X_5=1$。

（6）因为 1 000Δ > 896Δ，所以 $X_6=1$（768Δ + 128Δ = 896Δ，思考：为什么取 768Δ?）。（7）因为 1 000Δ > 960Δ，所以 $X_7=1$（896Δ + 64Δ = 960Δ）。

（8）因为 1 000Δ > 992Δ，所以 $X_8=1$（960Δ + 32Δ = 992Δ）。

8 位 PCM 码为 11101111。

因为 $X_8=1$，所以接收端译码电平为 992Δ + 16Δ = 1 008Δ。

量化误差 = 1 008Δ − 1 000Δ = 8Δ = 16 mV。

思考与练习

1. 问答题

(1) 什么叫采样、量化和编码?

(2) 采样的任务是什么? 采样后的信号称为什么信号?

(3) 为什么要进行量化? 8 位二进制码可以表示多少种状态?

(4) PCM 通信能否完全消除量化误差? 为什么?

(5) PCM 通信中发送端采样后和接收端分路后各有一个 3.4 kHz 的低通滤波器, 这两者的作用有什么不同?

(6) 采样后为什么要加保持电路?

(7) 非均匀量化的实质是什么?

2. 计算题

(1) 设基带信号的频带为 20 Hz ~ 20 kHz, 对其进行 PCM 处理, 为了在接收端不失真地恢复出原信号, 试问采样间隔最大应为多少?

(2) 某设备按 A 律 13 折线编码, 已知未过载电压最大值为 4 096 mV, 则 Δ 应选为多少? 试对 +3 000 mV 采样信号进行编码, 并计算接收端的量化误差。

(3) 将采样值 +128Δ 按 A 律 13 折线编码逐次反馈比较型编码方案进行编码, 并计算接收端的量化误差。

§2—3 提高信号在信道中传输质量的方法

学习目标

1. 掌握信源编码的概念。

2. 掌握信道编码的概念。

3. 了解信道编码在 LTE (长期演进) 中的应用。

传输要以信号为载体, 人们希望信号传输既快速又准确, 但这两者总是矛盾的。信号在传输过程中, 总会受到各种干扰的影响, 所以在接收端收到的信号往往和发送端不一样。为了让信号传输更快更准确, 需要采取各种措施。

为了使信号传输得更快, 需要把信号中冗余的信息去掉, 只传输必要的信息, 这是信源编码要解决的问题。

为了使信号传输得更准确, 接收端应具有检错、纠错能力, 信号在传输中因噪声和失真使接收端信号出现差错时，在接收端能将错误检出，并且能予以纠正，这是信道编码要解决的问题。

信息传输系统的编码、译码如图 2—3—1 所示。

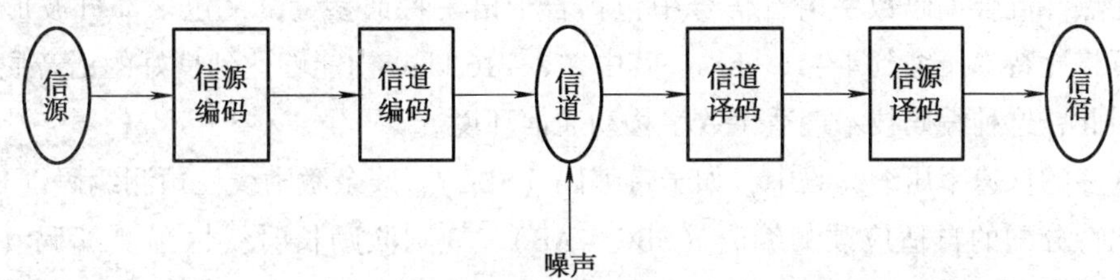

图 2—3—1　信息传输系统的编码、译码示意图

一、信源编码

在数字通信系统中，为了提高数字信号传输的有效性而采取的编码称为信源编码。信源编码有两个作用：一是模/数转换；二是尽可能减少信号中的冗余度，使在单位时间内单位系统带宽上所传输的信息量最大。

信源包括话音、图像、字符等，本书主要以话音信源来讲解编码技术。话音编码技术通常分为波形编码、声源编码和混合编码三类。按编码后传输所需的数据速率分为高速率（32 kbps 以上）、中高速率（16 ~ 32 kbps）、中速率（4. 8 ~ 16 kbps）、低速率（1. 2 ~ 4. 8 kbps）及极低速率（1. 2 kbps 以下）五大类。

1. 波形编码

波形编码是将时间域信号波形直接转换为数字代码，其目的是尽可能精确地再现原来的话音波形。波形编码的基本原理是在时间轴上对模拟话音信号按照一定的速率来抽样，然后将幅度样本分层量化，再用代码来表示。最典型的波形编码是 PCM（脉冲编码调制）。波形编码具有低复杂度、低时延的特点。对于比特速率较高的编码信号（16 ~ 64 kbps），波形编码技术能够提供相当好的话音质量，对于低速话音编码信号（16 kbps 以下），波形编码的话音质量显著下降。因此，波形编码在对信号带宽要求不太严的通信中得到广泛应用（如有线通信），而对于频率资源相当紧张的移动通信来说，这种编码方式并不合适。

2. 声源编码

声源编码又称为参量编码，它是指对信源信号在频域或其他正交变换域提取特征参量，并将特征参量转换为数字代码进行传输。其反过程为解码，即将收到的数字序列转换后恢复成特征参量，再依据此特征参量产生发送端语音信号。这种编码技术可实现低速率语音编码，比特率可压缩至 2 ~ 4. 8 kbps，线性预测编码（LPC）及其各种改进型都属于参量编码技术。声源编码技术的缺点是话音质量较差，对噪声较为敏感，不适合在公用移动通信网等对话音质量要求较高的场合使用。

3. 混合编码

混合编码由波形编码和声源编码结合而成，以达到波形编码的高质量和声源编码的低速率等优点。混合编码数字语音信号中包括若干语音特征参量，又包括部分波形编码信息，它可将比特率压缩到4～16 kbps，其中在8～16 kbps内能够达到良好的话音质量和自然度，因此，这种编码技术最适于数字移动通信环境。

在众多的低速率压缩编码中，如子带编码（SBC）、残余激励线性预测编码（RELP）、自适应比特分配的自适应预测编码（SBC－AB）、规则激励长时线性预测编码（RPE－LTP）、多脉冲激励线性预测编码等都属于混合编码。

话音编码技术的研究开发非常迅速，提出了许多编码方案，无论是哪一种方案，其研究的主要目标有两点，即降低话音编码速率和提高话音质量。目前研制的符合发展目标的编码技术均为混合编码。

二、信道编码

在数字通信系统的数字信息交换和传输过程中，出现差错的主要原因是信号在传输过程中由于信道特性不理想以及加性噪声和人为干扰的影响，使接收端产生错误研判。为了提高数字通信的可靠性而采取的编码称为信道编码，信道编码又称为差错控制编码或纠错编码。

提高系统传输的可靠性，降低误码率的常用方法有以下两类。

1. 降低数字信道本身引起的误码

可采取的方法有选择高质量的传输线路、改善信道的传输特性、增加信号的发送能量、选择有较强抗干扰能力的调制解调方案等。

2. 采用差错控制编码（即信道编码）

它的基本思想是通过对信息序列做某种变换，使原来彼此独立、相关性极小的信息码元产生某种相关性，在接收端可以利用这种规律性来检查并纠正信息码元在信息传输中所造成的差错。

从差错控制角度来看，按加性干扰引起的错码分布规律不同，可将信道分为三类，即随机信道、突发信道和混合信道。对于不同的信道应采用不同的差错控制技术。常用的差错控制方式有以下几种。

（1）检错重发（ARQ）

检错重发方式的发送端发出有一定检错能力的码。接收端译码器根据编码规则，判断这些码在传输中是否有错误产生。如果有错，就通过反馈信道告诉发送端，发送端将接收端认为错误的信息重新发送，直到接收端认为正确为止，如图2—3—2a所示。

该方式的优点是只需要少量的多余码就能获得较低的误码率。由于检错码和纠错码的能力与信道的干扰情况基本无关，因此整个差错控制系统的适应性较强，特别适合于短波、有线等干扰情况非常复杂而又要求误码率较低的场合。

其缺点包括：必须有反馈信道，不能进行同步传播；当信道干扰较大时，整个系统可能处于重发循环之中，因此信息传输的连贯性和实时性较差。

（2）前向纠错（FEC）

前向纠错方式是发送端发送有纠错能力的码，接收端的纠错译码器收到这些码之后，按预先规定的规则，自动地纠正传输中的错误，如图 2—3—2b 所示。

该方式的优点包括：不需要反馈信道，能够进行点到多点的广播式通信；译码的实时性好，控制电路简单，特别适用于移动通信。

其缺点包括：译码设备比较复杂，所选择的纠错码必须与信道干扰情况相匹配，因而对信道变化的适应性差；为了获得较低的误码率，必须以最坏的信道条件来设计纠错码。

（3）混合差错控制（HEC）

混合差错控制方式是检错重发方式和前向纠错方式的结合。发送端发送的码不仅能够检测错误，而且还具有一定的纠错能力。接收端译码器收到信码后，如果检测出的错误是在码的纠错能力以内，则接收端自动进行纠错；如果错误很多，超过了码的纠错能力但尚能检测时，接收端则通过反馈信道告知发送端必须重发这组码，如图 2—3—2c 所示。

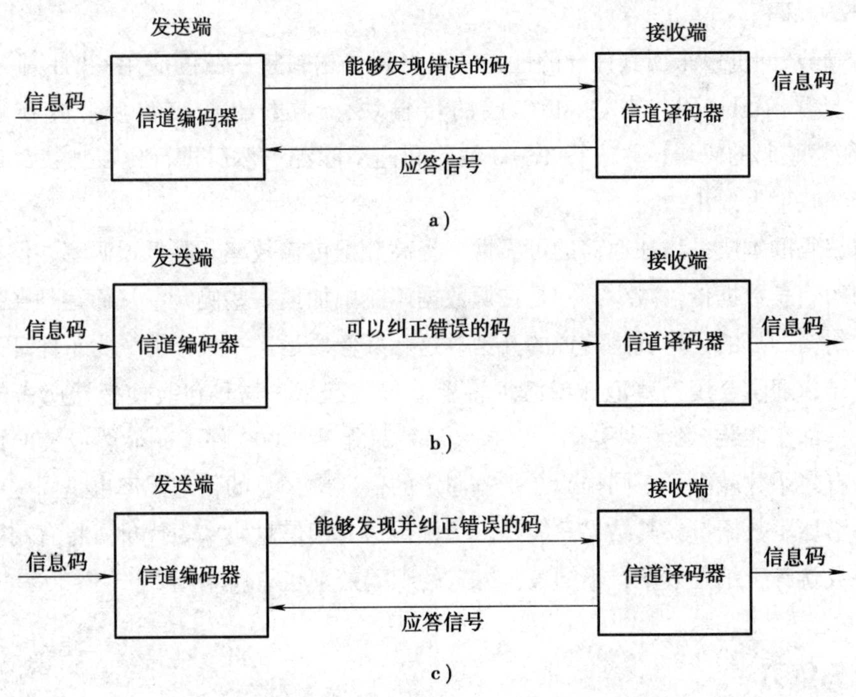

图 2—3—2　三种差错控制方式示意图

a）检错重发（ARQ）　b）前向纠错（FEC）　c）混合差错控制（HEC）

该方法不仅克服了前向纠错方式的冗余度较大，需要复杂的译码电路的缺点，同时还增强了检错重发方式的连贯性，因此，在卫星通信中得到了广泛的应用。

无论采用哪一种方式，都需要在发送端对信号进行信道编码，在接收端进行相应的解码（检错与纠错）。

三、信道编码在 LTE 中的应用

LTE（Long Term Evolution，长期演进）是由 3GPP 组织制定的 UMTS（Universal Mobile Telecommunications System，通用移动通信系统）技术标准的长期演进。在 LTE 中有三种基本的信道编码，即 CRC 纠错编码、咬尾卷积编编码和 Turbo 码。

1. CRC 纠错编码

CRC 称为循环冗余码，它是在信息码右边加上几位校验码，以增加整个编码系统的码距和查错纠错能力。

2. 咬尾卷积编码

LTE 系统的卷积码编码器采用了咬尾编码方法，LTE 中规定了使用的咬尾卷积编码的约束长度为 7，码率为 1/3。其作用是对控制信息和广播信道进行信道编码。咬尾卷积编码克服了码率损失的问题，但是增加了译码复杂度。

3. Turbo 码

Turbo 码从问世以来因其优异的性能已经得到了越来越广泛的应用，LTE 业务信道的编码也选择了 Turbo 码。来自 MAC 层的传输块，经过 CRC 校验后，被分割成 LTE Turbo 码能够编码的码块，并进行 Turbo 编码和速率匹配，然后进行比特加扰，最后进行调制和天线映射发射出去。

信道编码的本质是增加通信的可靠性、提高数据传输效率、降低误码率。但信道编码会使有用的信息数据传输减少，它是在源数据码流中加插一些码元，从而达到在接收端进行检错和纠错的目的，这就是常说的开销。这就好像要运送一批瓷器，为了保证运送途中不打烂瓷器，通常会用一些泡沫或海绵将瓷器包装起来，这种包装使瓷器所占的容积变大，原来一部车能装 8 000 件瓷器的，包装后就只能装 7 000 件了，显然包装的代价使运送瓷器的有效个数减少了。同样，在带宽固定的信道中，总的传送码率也是固定的，由于信道编码增加了数据量，其结果只能是以降低传送有用信息码率为代价。将有用比特数除以总比特数就等于编码效率，不同编码方式的编码效率也有所不同。

思考与练习

1. 信源编码的作用是什么？举出几种信源编码方式。

2. 信道编码的作用是什么？

3．在 LTE 中有哪几种基本的信道编码？

4．举例说明信道编码的工作原理。

5．当数字信号在传输过程中出现误码时，通信系统通常采用哪些手段来减少误码的影响？

§2—4　提高线路传输效率的方法

学习目标

1．掌握频分多路复用（FDM）的概念。

2．掌握时分多路复用（TDM）的概念。

3．掌握多址通信方式的原理。

随着物质文化生活水平的提高，人们对通信的需求越来越高，而通信资源，特别是信道资源是有限的，投入信道建设的成本非常大，所以必须充分利用现有信道，提高现有信道的利用率。为了提高信道利用率，增大信道的传输容量，需要使多路信号沿同一信道传输且不相互干扰，这就是多路复用。拨号上网最常用的电话线就采取了多路复用技术，如图 2—4—1 所示，这样在上网的同时也不影响电话的接入与拨出。

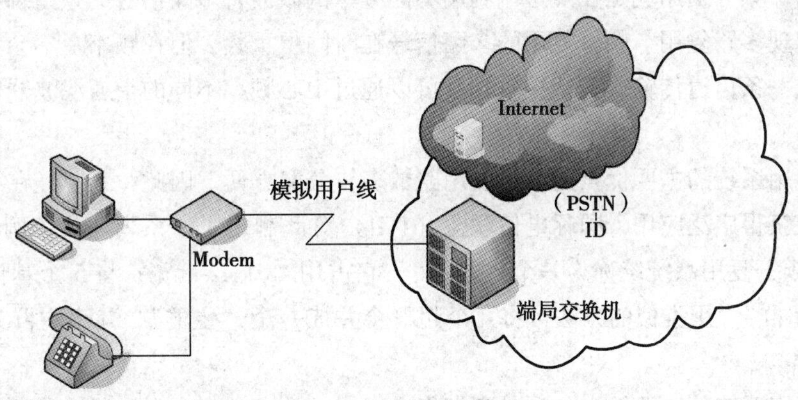

图 2—4—1　模拟电话用户线的多路复用

目前，多路复用方法中应用最广泛的有四大类：频分多路复用（FDM）、时分多路复用（TDM）、码分多路复用（CDM）和波分多路复用（WDM），许多多路复用技术都是以这四种技术为基础的。频分多路复用最早应用于模拟通信系统中，时分多路复用大多用于数字通信系统中，码分多路复用大多用于移动通信系统、无线局域网中，波分多路复用主要用于全光纤组成的网络中。

一、多路复用

所谓信道复用是指在同一个信道上同时传输多路信号而互不干扰的一种技术，如图 2—4—2 所示。

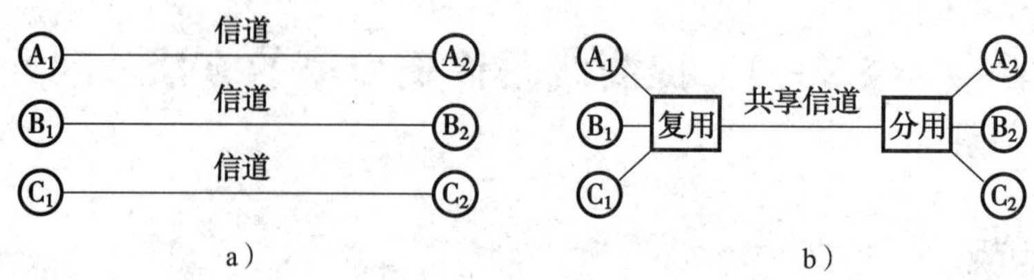

图 2—4—2　信道复用

a）不使用复用技术　b）使用复用技术

最常用的信道复用方式是频分复用（FDM）、时分复用（TDM）、码分复用（CDM）和波分复用（WDM）。传统的模拟通信中都采用频分复用。随着数字通信的发展，时分复用、码分复用和波分复用通信系统的应用越来越广泛。本书重点介绍频分复用、时分复用技术及 PCM 30/32 路通信系统。

1. 频分多路复用

一般通信系统的信道所能提供的带宽往往要比传送一路信号所需的带宽宽得多。因此，如果一条信道只传输一路信号是非常浪费的。为了充分利用信道的带宽，提出了信道的频分复用。频分复用就是在发送端利用不同频率的载波将多路信号的频谱调制到不同的频段，以实现多路复用。频分复用的多路信号在时间上重叠，但在频率上不会重叠，合并在一起通过一条信道传输，到达接收端后可以通过中心频率不同的带通滤波器彼此分离开来。

频分复用系统的主要优点是信道复用路数多、分路方便。因此，它曾经在第一代移动通信系统中获得广泛应用，国际电信联盟（ITU）对此制定了一系列建议。例如，ITU 将一个 12 路频分复用系统统称为一个“基群”，它占用 48 kHz 带宽；将 5 个基群组成一个 60 路的“超群”。用类似的方法可将几个超群合并成一个“主群”，几个主群又可合并成一个“巨群”。

频分复用系统的主要缺点是设备庞大复杂，成本较高，还会因为滤波器件特性不够理想和信道内存在非线性而出现路间干扰，已经逐步被更为先进的时分复用技术所取代。不过在电视广播中图像信号和声音信号的复用，在立体声广播中左右声道信号的复用，仍然采用频分复用技术。

2. 时分多路复用

时分复用（TDM）就是借助“把时间帧划分成若干时隙和各路消息占有各自时隙”的方法来实现在同一条公共信道上传输多路信号。这种按照一定时间次序依次循环地传输各路消息以实现多路通信的方式称为时分多路通信。

与频分复用相比，时分复用具有以下优点：

(1) TDM 多路信号的合路和分路都是数字电路，比 FDM 的模拟滤波器分路简单可靠。

(2) FDM 系统对信道的非线性失真要求很高，相反 TDM 系统对信道的非线性失真要求可适当降低。

通信系统中语音信号采用最多的编码方式是 PCM 和 DPCM。

图 2—4—3 表示一个只有三路的 PCM 复用的发送端方框图。

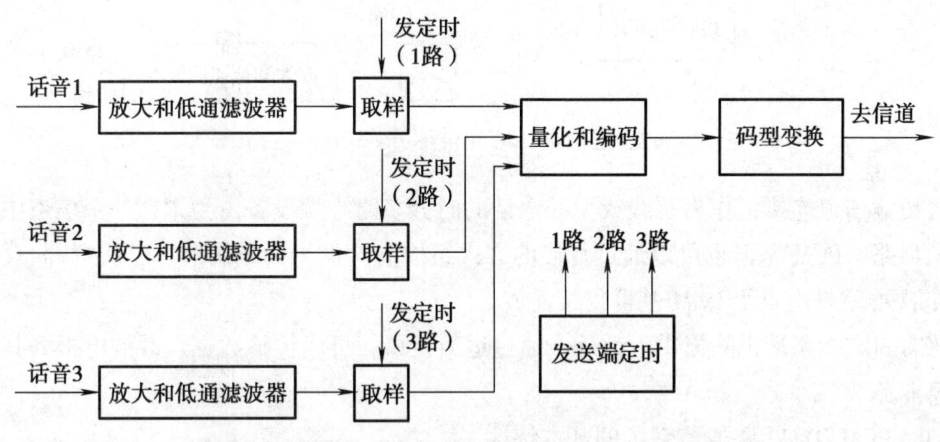

图 2—4—3　时分复用系统框图（发送端）

语音信号经过放大和低通滤波后得三路信号，它们在时间上是分开的，由各路发定时取样脉冲控制。三路 PAM 信号一起被送到量化编码器进行编码，每个 PAM 信号的采样脉冲经量化后变为二进制代码。编码后的 PCM 代码经码型变换，转变为适合于信道传输的码型，然后经过信道传到接收端。

图 2—4—4 所示为接收端的方框图。接收端收到信码后，首先经过码型反变换，然后加到译码器进行译码。译码后是三路合在一起的 PAM 信号，再经过分离电路将各路 PAM 信号区分出来，最后经过放大和低通滤波还原为话音信号。

3. PCM 30/32 路通信系统简介

为了提高信道利用率和适应不同介质的传输，根据时分多路复用的原理和各种传输媒介的特点，数字通信中常将多路信源编码输出组合成不同数码率的群路（集合）信号。我国规定采用的是 PCM 30/32 路制式，即一帧共有 32 个时隙，可以传送 30 路电话，复用的路数 $n=32$ 路，其中话路数为 30。

在 PCM 中最基本的支路就是 PCM 30/32 路（30 路，2 048 kbps），它与另一制式 PCM 24 路（24 路，1 544 kbps）被称为 PCM 基群（一次群）。PCM 30/32 路端机在脉冲调制多路通信中是一个基群设备。它可以独立使用，与市话电缆、长途电缆、数字微波系统、

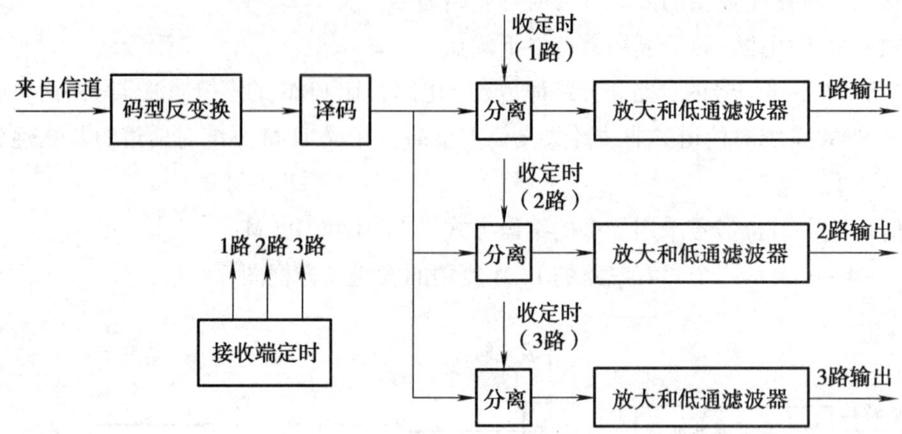

图 2—4—4　时分复用系统框图（接收端）

光纤等传输信道连接，作为有线或无线电话的时分多路终端设备。为了在一个信道中传输更多的话路，PCM 基群也可以通过复接的方式组成高次群，如二次群、三次群等。例如，PCM 二次群就是由 4 个 PCM 基群复接而成。

PCM 30/32 路端机除提供电话外，通过适当接口，可以传输数据、载波电报等其他数字信息业务。

（1）PCM 30/32 路通信系统的基本特性

话路数目：30。

采样频率：8 kHz。

压扩特性：A＝87. 6/13 折线压扩律，编码位数 $L=8$，采用逐次比较型编码器，其输出为折叠二进制码。

每帧时隙数：32。

总数码率：$8\times32\times8\ 000=2\ 048$ kbps。

（2）帧与复帧结构

PCM 30/32 路通信系统的帧与复帧结构如图 2—4—5 所示。

1）时隙分配。话音信号带宽通常限制在 3 400 Hz 左右，采样频率为 8 000 Hz，在 PCM 30/32 路的制式中，采样周期为 $\frac{1}{8\ 000}$ s ＝ 125 μs，它被称为一个帧周期，即 125 μs 为一帧。一帧内要时分复用 32 路，每路占用的时隙为 $\frac{125}{32}=3.9$ μs，称为一个时隙。因此，一帧有 32 个时隙，按顺序编号为 TS_0，TS_1，…，TS_{31}。时隙的使用分配如下：

- $TS_1\sim TS_{15}$，$TS_{17}\sim TS_{31}$ 为 30 个话路时隙。
- TS_0 为帧同步码，监视码时隙。
- TS_{16} 为信令（振铃、占线、摘机等各种标志信号）时隙。

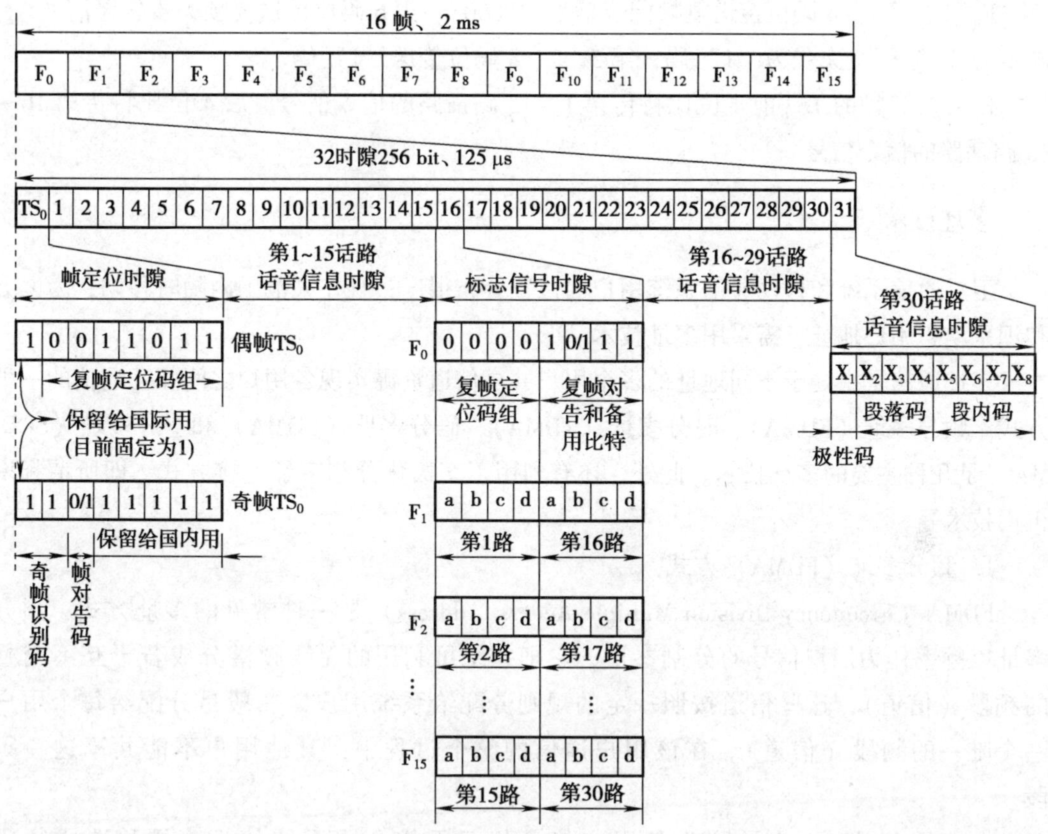

图 2—4—5　PCM 30/32 路通信系统的帧与复帧结构

2）话路比特的安排。每个话路时隙内要将样值编为 8 位二元码，每个码元占 $\frac{3.9\ \mu s}{8}$ = 488 ns，称为 1 比特，编号为 1 ~ 8。8 位二进制码安排如下：第 1 比特为极性码，第 2 ~ 4 比特为段落码，第 5 ~ 8 比特为段内码。

3）TS_0 时隙比特分配。为了使收、发两端严格同步，每帧都要传送一组特定标志的帧同步码组或监视码组（TS_0）。

帧同步码组为“0011011”，占用偶帧 TS_0 的第 2 ~ 8 码位。第 1 比特供国际通信用，不使用时发送“1”码。

奇帧比特分配的第 3 位为帧失步告警用，称为帧对告码，以 A_1 表示，同步时送“0”码，失步时送“1”码。为了避免奇帧 TS_0 的第 2 ~ 8 码位出现假同步码组，第 2 位码规定为监视码，固定为“1”，第 4 ~ 8 位码为国内通信用，目前暂定为“1”。

4）TS_{16} 时隙的比特分配。若将 TS_{16} 时隙的码位按时间顺序分配给各话路传送信令，需要用 16 帧组成一个复帧，分别用 F_0，F_1，…，F_{15} 表示，复帧周期为 2 ms，复帧频率为 500 Hz。复帧中各子帧的 TS_{16} 分配如下：

F_0 帧：第 1 ~ 4 码位传送复帧同步信号“0000”；第 6 码位传送复帧失步告警信号 A_2，同步为“0”码，失步为“1”码；第 5、7、8 码位传送“1”码。

F_1 ~ F_{15} 各帧的 TS_{16} 前 4 位比特传第 1 ~ 15 路话路的信令信号，后 4 位比特传第 16 ~ 30 路话路的信令信号。

二、多址技术

卫星通信系统和移动通信系统用户的位置分布很广，且在大范围内随时移动，为区分和识别动态用户地址，需采用多址技术。

多址通信是指处于不同地址的多个用户共享信道资源实现各用户之间相互通信的一种方式。频分多址（FDMA）、时分多址（TDMA）、码分多址（CDMA）和空分多址（SCDMA）是几种主要的多址技术。此外，还有利用正交极化分割多址连接方式，即所谓频率再用技术等。

1. 频分多址（FDMA）方式

FDMA（Frequency Division Multiple Access/Address）是一种常见的多址方式。频分多址以频率作为用户信号的分割参量，它把系统可利用的无线频谱分成若干互不交叠的频段（信道），这些信道按照一定的规则分配给系统用户，一般是分配给每个用户一个唯一的频段（信道）。在该用户通信的整个过程中，其他用户不能共享这一频段。

在实际应用时，为了防止各用户信号相互干扰和因系统的频率漂移造成频段（信道）之间的重叠，各用户频段（信道）之间通常都要留有一段间隔频段，称为保护频段。

如果用频率 f、时间 t 和代码 c 作为三维空间的三个坐标，则 FDMA 系统在这个坐标系中的位置如图 2—4—6 所示，它表示系统的每个用户由不同的频段所区分，但可以在同一时间，用同一代码进行通信。

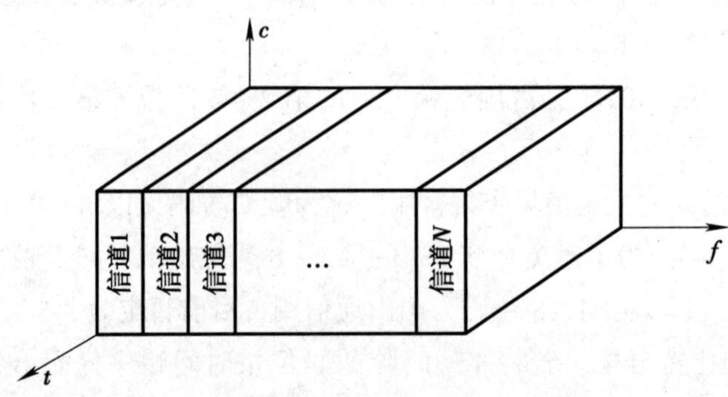

图 2—4—6 频分多址（FDMA）方式

在第一代移动通信系统中，采用 FDMA 方式是唯一的选择。例如，第一个美国模拟蜂窝系统（第一代移动通信系统）——高级移动电话系统（AMPS）就是采用 FDMA 多址系统的。在呼叫进行中，一个用户占用一个信道，并且这一信道实际上是由两个单工的具有 45 MHz 分隔的信道组成的双工信道。当一个呼叫完成或一个切换发生时，信道就空闲出来以便其他移动用户使用它。

在 AMPS 中是允许多路或多用户同时通信的，因为分给每一个用户一个唯一的信道。

2. 时分多址（TDMA）方式

时分多址（TDMA，Time Division Multiple Access/Address）技术依靠极其微小的时差，把信道划分为若干不相重叠的时隙，再把每个时隙分配给各个用户专用，在接收端就可以根据发送各个用户信号的不同时间顺序来分别接收不同用户的信号。

如果用频率 f、时间 t 和代码 c 作为三维空间的三个坐标，则 TDMA 系统在这个坐标系中的位置如图 2—4—7 所示，它表示系统的每个用户由不同的时隙所区分，但可以在同一频段，用同一代码进行通信。

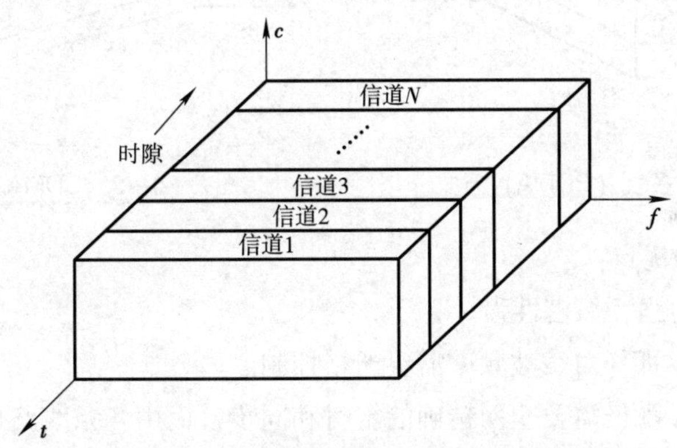

图 2—4—7　时分多址（TDMA）方式

TDMA 是数字数据通信中的基本技术，我国第二代移动通信系统的 GSM（全球移动通信系统）采用的就是这一体制。

3. 码分多址（CDMA）方式

在码分多址（CDMA，Code Division Multiple Access）通信系统中，不同用户传输信息所用的信号不是靠频率不同或时隙不同来区分的，而是用不同的编码序列来区分的，或者说靠信号的不同波形来区分。如果从频率域或时间域来观察，多个 CDMA 信号是互相重叠的。

码分多址系统以码型结构作为信号分割的参量，它为每个用户分配了各自特定的地址码，利用公共信道来传输信息。系统的各用户使用互不相关的、相互（准）正交的地址码调制其所发送的信号，在接收端利用码型的（准）正交性，通过地址识别（相关检测），从混合信号中选出相应的信号。

第三代移动通信系统就采用了 CDMA 方式，在 CDMA 系统中，用户之间的信息也是通过基站进行转发和传输的。这些码分信道属于逻辑信道，它们无论在频域上还是在时域上都是相互重叠的。如果用频率 f、时间 t 和代码 c 作为三维空间的三个坐标，则 CDMA 系统在这个坐标系中的位置如图 2—4—8 所示。它表示系统的每个用户由不同的码型所区分，但可以在同一时间、同一频段进行通信。

在图 2—4—9 中，每个手机用户由不同的码型所区分，可以在同一时间、同一频段与基站进行通信。

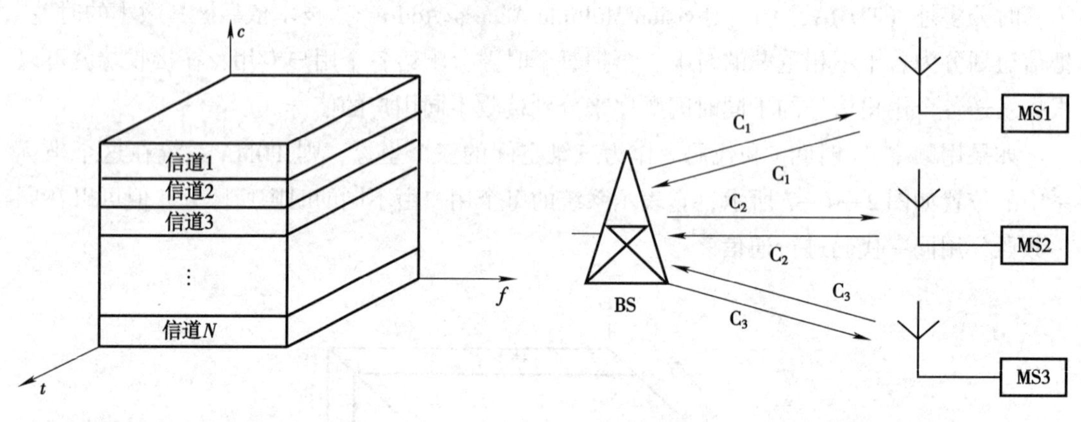

图 2—4—8　码分多址（CDMA）方式　　　　图 2—4—9　CDMA 系统的工作方式

码分多址方式的优点：

（1）抗干扰能力强，保密性强。

（2）不像 FDMA 那样对载波频率需要严格控制。

（3）不像 TDMA 那样需要全网精确的定时和同步，而由各条线路自行解决。

（4）各用户可随机接入，而不像 FDMA 和 TDMA 那样，各用户都固定占用某个频段或时隙。

（5）容量比 FDMA 大 20 倍，比 TDMA 大 4 ~ 5 倍。

多路复用和多址技术都是为了共享通信资源，这两种技术有许多相同之处，但是它们之间也有一些区别。一般来说，多路复用通常在中频或基带实现，通信资源是预先分配给各用户共享的；而多址技术通常在射频实现，是远程共享通信资源，并在一个系统控制器的控制下，按照用户对通信资源的需求，随时动态地改变通信资源的分配。

思考与练习

1. 什么是时分多路复用？它与频分多路复用的区别是什么？

2. 什么是多址技术？

3. 简述频分多址技术的工作原理。

4. 简述时分多址技术的工作原理。

5. 简述码分多址技术的工作原理。

实验一　RZ111 通信原理实验平台的认识

一、实验目的

1. 熟悉 RZ111 通信原理实验箱的组成。

2. 熟悉 RZ111 通信原理实验箱的使用方法。

二、实验器材

RZ111 通信原理实验箱一台、20 M 双踪示波器一台。

三、知识准备

1. RZ111 通信原理实验箱简介

RZ111 通信原理实验箱是为了满足学校对“通信原理”基础实验教学的需求而设计的一款别具一格的设备。实验箱采用模块化设计，各单元原理框图、输入输出波形、测试点位置均清楚形象地画在实验平台的面板上。平台上自带内置 ±5 V 和 ±12 V 四种电源和模拟、数字、同步及非同步四种信号源，无须外配电源和信号源即可完成实验。学生还可以利用二次开发模块自行设计方案验证实验。

2. RZ111 通信原理实验箱功能模块介绍

RZ111 通信原理实验箱如实验图 1—1 所示，由 20 个系统模块组成。

（1）CPLD 可编程数字信号发生器。用途：数字信号源。

（2）模拟信号发生器。用途：模拟信号源。

（3）通信话路终端信号发送滤波放大。用途：测试语音信号传输过程。

（4）采样定理与 PAM 系统。用途：测试脉冲幅度调制过程。

（5）PCM 脉冲编码调制系统。用途：测试模数转换过程。

（6）数字音节压扩（Δ—Σ）增量调制编码系统。用途：通信用模数转换。

（7）数字音节压扩（Δ—Σ）增量调制译码系统。用途：通信用数模转换。

（8）FSK 调制模块。用途：测试频移键控调制过程及波形变换。

（9）FSK 解调模块。用途：测试频移键控解调过程及波形变换。

（10）PSK 调制模块。用途：测试相移键控调制过程及波形变换。

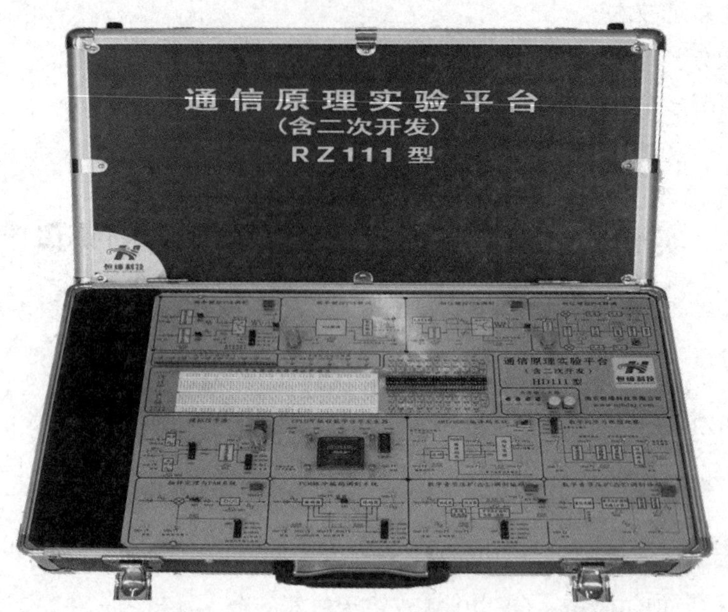

实验图 1—1　RZ111 通信原理实验箱的组成

（11）PSK 解调模块。用途：测试相移键控解调过程及波形变换。

（12）数字同步与眼图观察模块。用途：数字同步测试与眼图观察。

（13）AMI/HDB3 编译码系统。用途：测试信源编译码过程及波形变换。

（14）电源供给与指示模块。用途：整机供电。

（15）外部信号引入接口模块。

（16）二次开发开放区圆插孔模块。

（17）二次开发开放区面包板模块。

（18）二次开发开放区信号引入模块。

（19）二次开发开放区电源引入模块。

（20）CPLD 可编程 EPM7 128 部分引脚开发区。

四、实验内容及步骤

1. 根据实验图 1—2 所示的通信原理实验平台模块分布图，两人一组，在实验箱上找出各对应模块，熟悉 RZ111 通信原理平台上的各实验模块。

2. 用示波器测量平台自带的信号源，并记录在实验表 1—1 中。

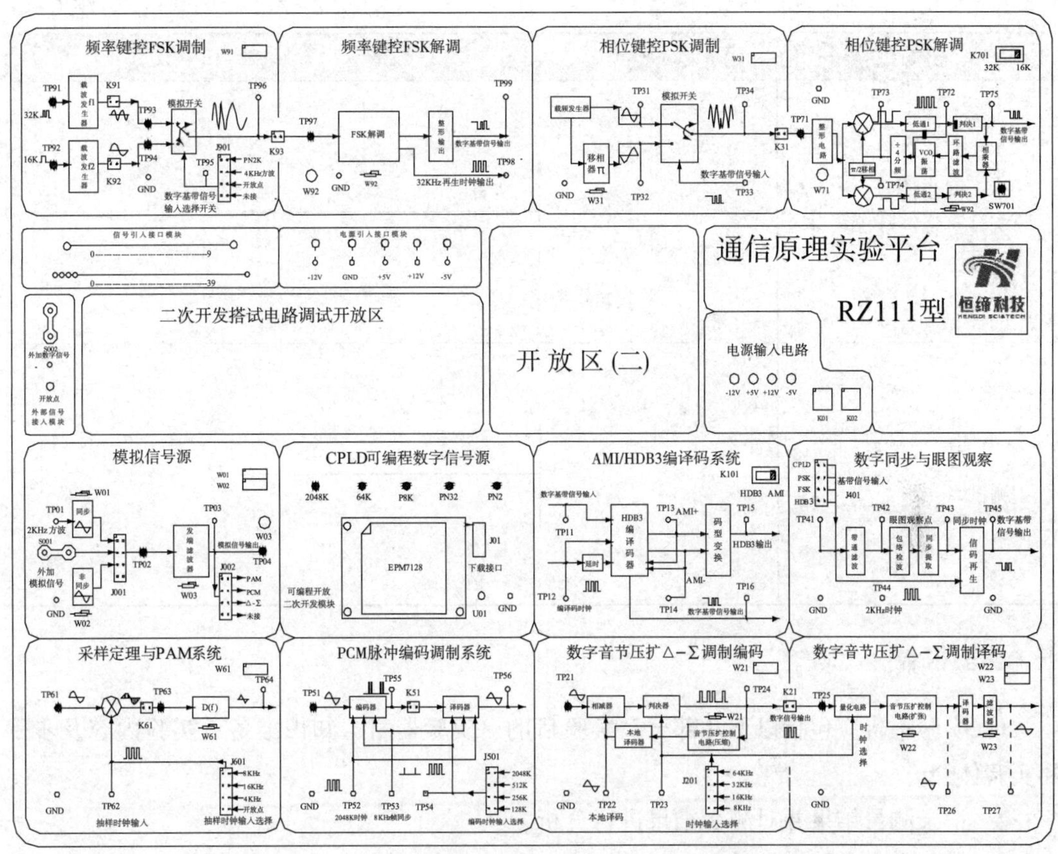

实验图 1—2　RZ111 通信原理实验平台模块分布图

实验表 1—1　　　　　　　　　　　信号源信号的测量

测试点	波形
模拟信号源 测试点：________	
数字信号源 测试点：________	

续表

测试点	波形
同步信号 测试点：________	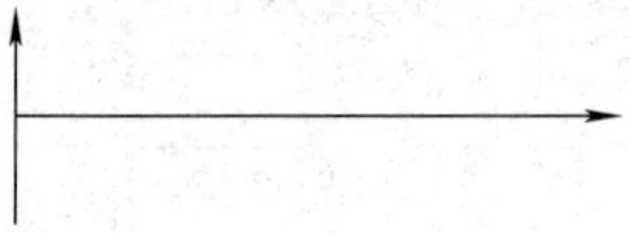
非同步信号 测试点：________	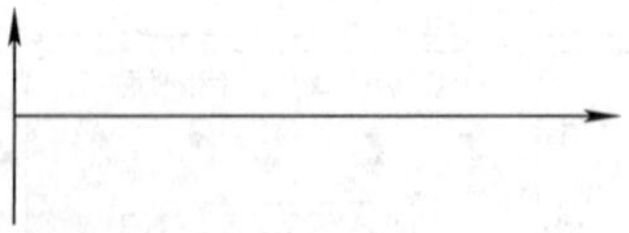

五、实验报告

1．实验报告应包括以下几部分：实验目的、实验器材、知识准备、实验内容及步骤和实验体会。

2．记录测量结果并对测量结果进行分析。

实验二　采样定理与PAM通信系统

一、实验目的

1．通过模拟信号采样实验，让学生加深对采样定理的理解。

2．通过PAM调制实验，使学生加深对脉冲幅度调制的理解。

二、实验器材

RZ111通信原理实验箱一台、20 M双踪示波器一台。

三、知识准备

1．实验电路的组成

采样定理与PAM脉冲幅度调制实验系统如实验图2—1所示。

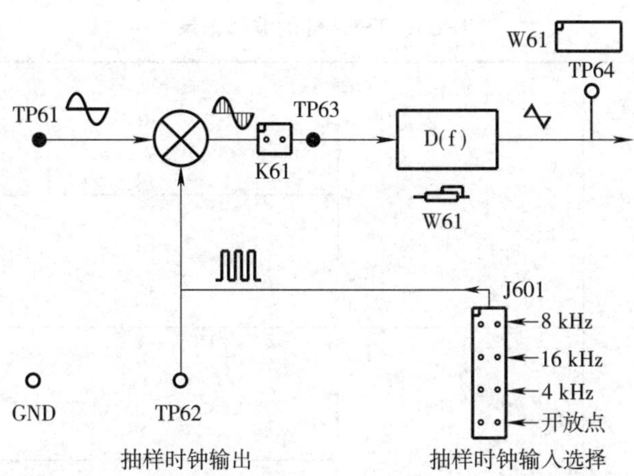

实验图 2—1　采样定理与 PAM 脉冲幅度调制实验系统框图

由 CPLD 产生的等于 8 kHz 的抽样矩形脉冲、大于 8 kHz 的抽样矩形脉冲、小于 8 kHz 的抽样矩形脉冲的三种抽样时钟通过开关 J601 来选择，也可通过“开放点”送入其他抽样脉冲信号，在 TP62 处观测抽样时钟的波形及其频率变化情况。

2. PAM 解调与滤波电路

该电路为 PAM 通信系统解调滤波电路，由集成运放电路 TL084 及外围一些电路组成，主要构成一个二阶有源低通滤波器，其截止频率设计在 3. 4 kHz 左右，因为该滤波器具有解调还原的作用，因此它的质量好坏直接影响系统的工作状态。该电路还用在接收信道电路中。

3. 测量点说明

TP61：若外加信号幅度过大，则该点信号波形被限幅电路限幅成方波，因此信号波形幅度尽量小一些。方法是：减小信号幅度或调节通信话路终端发送放大电路中的电位器 W03。

TP62：抽样时钟输出，有四种抽样时钟的选择——等于 8 kHz 的抽样脉冲、大于 8 kHz 的抽样脉冲、小于 8 kHz 的抽样脉冲，外加一个频率连续变化的抽样时钟（开放点）。由开关 J601 的选择决定。

TP63：抽样信号输出。

TP64：收端 PAM 解调信号输出。

四、实验内容及步骤

1. 用示波器在 TP61 处观察，以该点信号输出幅度不失真时为宜，如有削顶失真则减小信号源的输出幅度或调节发送放大器 W03。在 TP62 处观察其抽样时钟信号，将所观察到的波形填入实验表 2—1 对应的坐标中。

实验表 2—1　　　　　　TP61、TP62 处的波形记录

TP61 处波形	
TP62 处波形	

2．分别将 J601 的第 1 排、第 2 排和第 3 排相连，即改变抽样频率 f_s，使 $f_s=2f_m$（模拟信号的最高频率）、$f_s>2f_m$、$f_s<2f_m$，在 TP63、TP64 处用示波器观测系统输出波形，以判断和验证采样定理在系统中的正确性，同时做详细记录并绘图，填入实验表 2—2 中。

实验表 2—2　　　　　　TP63、TP64 处的波形记录

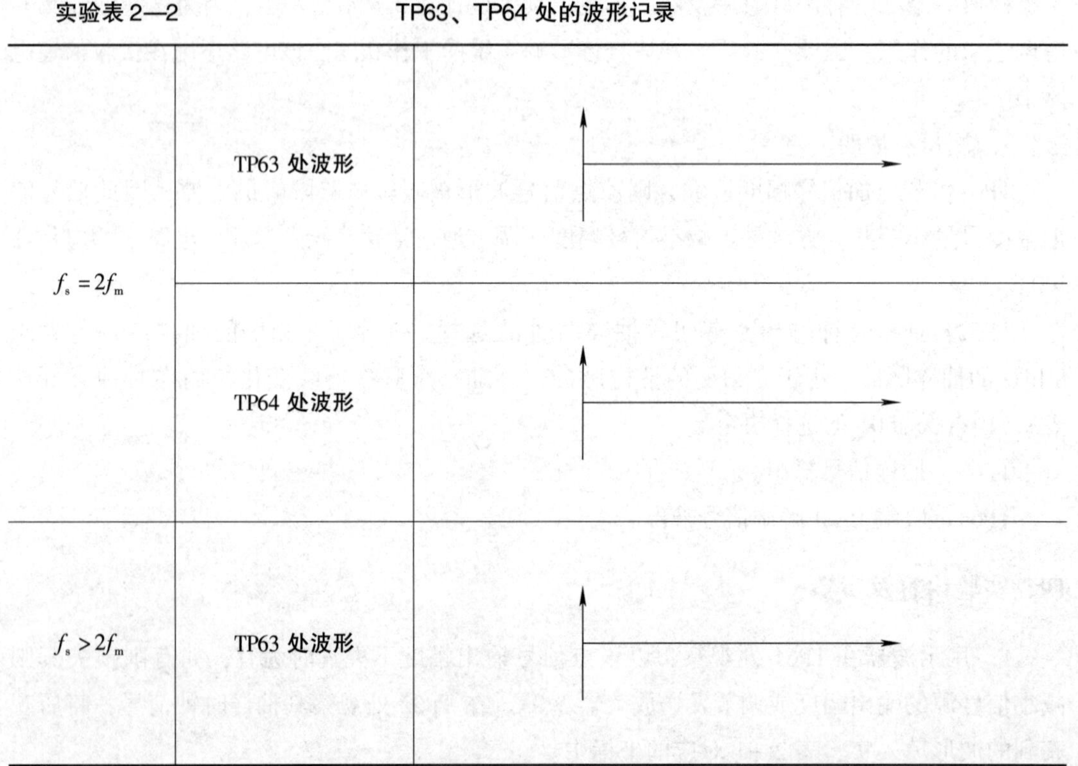

$f_s=2f_m$	TP63 处波形	
	TP64 处波形	
$f_s>2f_m$	TP63 处波形	

续表

$f_s > 2f_m$	TP64 处波形	
$f_s < 2f_m$	TP63 处波形	
	TP64 处波形	

五、实验报告

1．实验报告应包括以下几部分：实验目的、实验器材、知识准备、实验内容及步骤和实验体会。

2．记录测量结果并对测量结果进行分析。

第三章　数字基带传输技术

§3—1　数字基带信号

学习目标

1. 掌握数字基带信号的波形和频谱。
2. 了解常用线路传输码型。

将数字信号从信源传送到信宿的过程称为数字信号的传输。根据传输信道的不同，数字信号的传输分为基带传输和频带传输两种形式。基带传输指不搬移由消息转换而得到的原始电信号的频谱，只进行简单的频谱变换（如去掉直流成分等）再进行传输的方式；频带传输则指为便于信道的传输，将原始电信号的频谱搬移到某个载频再进行传输的方式。

在实际数字系统中基带传输系统的应用不如频带传输系统那么广泛，但是，对于基带传输系统的研究仍然具有重要意义。因为，即使在频带传输系统中也同样存在基带传输问题，并且理论上频带传输系统也可以由一个等效的基带传输系统所替代。

一、数字基带信号的波形和频谱

1. 数字基带信号的基本概念

通常，将信号的转换用 2 个（或 3 个、4 个、8 个，视进制而定）不同振幅的电压来表示，其频谱从零开始未经变换处理的信号称为数字基带信号。在数字基带传输中，处理的对象就是这样的信号。无论是周期信号还是非周期信号，其波形和频谱或时间函数和频谱函数都有一一对应的关系。波形和频谱从两个侧面表现了信号的本质。对于实际的信号，波形与频谱这两个侧面相互制约，不能既选择一定形式的波形，又要求一定形状的频谱。所以，频谱有幅度谱和相位谱，如图 3—1—1 所示。

周期信号的频谱是离散谱，非周期信号的频谱是连续谱。如果把频谱的第 1 个零点作为信号有效带宽的衡量标准，那么，虽然不同波形都有同样的信号持续时间，但有效带宽却并不相同。也就是说，既要不失真地传输波形，又要有效地利用传输频带，就需要合理选择或设计传输波形。

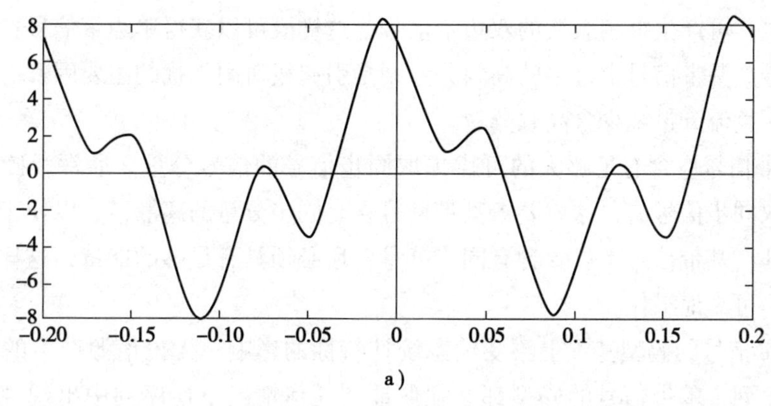

a）

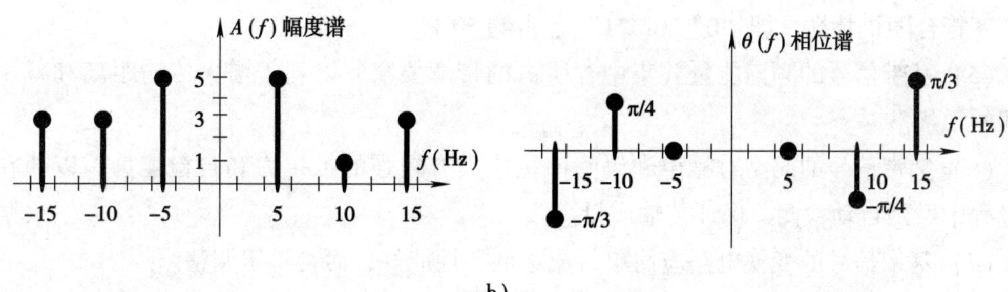

b）

图 3—1—1　波形和频谱图

a）时域波形　b）对应的频谱图

2．基带传输对传输信号的要求

由数据终端设备输出的表示不同代码的数据信号一般不适合在基带传输系统或频带传输系统中直接使用。因为实际的传输信道存在各种缺陷，其中以频率特性的不理想和噪声对信号的传输影响最大。为了适应实际信道的客观需要，通常需要对原始数据信号进行码型变换和波形处理，使之成为真正适合在相应系统中传输的基带信号。

由于基带传输是不搬移频谱的直接传输，以不同的电压或电流波形表示的原始二进制信号一般是单极性的直流信号，有的虽经波形变换，但仍含有直流成分，所以基带传输有直流传输和交流传输两种方式。交流传输较为优越，因为它要求基带信号不含有直流成分，便于信号通过变压器进行匹配传输，对信号波形也无极性的要求，一般只要双极性脉冲即可。

基带传输对传输的基带信号的基本要求如下：

（1）基带信号应有利于提高系统的频带利用率。基带信号的编码应尽量使频带压缩，从而降低编码后的信号速率，这样既可以提高系统传输效率，又有利于提高系统的频带利用率。

（2）基带信号应含有尽量少的直流、极低频及高频分量。在基带传输系统中，存在变压器耦合的匹配传输，这不利于通过直流和极低频分量。另外，无直流分量的信号对载波进行调制时，可产生抑制载波的双边带信号，这样既可以获得单边带信号，又便于插入导频同步信号。基带信号中过多的高频分量则是引起线对间干扰的主要因素。因此，要求基带信号不含直流分量和少含高频分量。

(3) 基带信号应含有足够大的可供提取同步信号的信号分量。通常，接收端是从基带信号中提取同步信号的，这就要求基带信号含有同步分量的离散谱，以便于插入导频同步信号。另外，基带信号不仅要含有同步分量，还必须具有足够的能量，这样才能保证同步电路稳定、可靠地工作。

(4) 基带信号的码型基本上不受信源统计特性的影响。无论信源产生的信号是何种组合的编码序列，基带信号的码型都必须保证在任何情况下使序列中出现“0”和“1”的概率符合随机特性，即“0”和“1”各占约50%。

(5) 基带信号的频谱能量要集中，所占的带宽要窄，以利于增大传输距离和减小线对间的干扰。

(6) 基带信号的码型对噪声和码间串扰应具有较强的抵抗力和自检能力，以便在传输过程中做到自动检测，保证传输质量。

(7) 基带信号的变换电路应简单、成本低、性能好，而且易于调整。

3. 数字基带信号的波形

信号的波形反映信号的电压或电流随时间变化的关系。对于不同的基带传输系统，由于信道传输特性和要求的不同而需使用不同的基带信号波形。基带信号波形有矩形、三角波、高斯脉冲及升余弦脉冲等，其中矩形脉冲为最常用的波形。

(1) 数字基带信号的分类

1) 按信号极性的不同可将其分为单极性信号和双极性信号。单极性信号是指它的所有取值均为同一极性电位的信号，例如，用 +E（或 -E）表示“1”码，而用零电平表示“0”码。与此相对应，如果信号的极性电位既可以取正也可以取负便是双极性信号，例如，用 +E（或 -E）表示“1”码，而用 -E（或 +E）表示“0”码。因为单极性信号含有较大的直流分量，且判决可靠性比双极性信号差，所以双极性信号的使用更为普遍。

2) 按每位信号的单一极性电位是否占满整个码元时间，可以将其分为归零信号与不归零信号。不归零信号即电位脉冲；归零信号是指每位信号的单一极性电位在码元时间内只持续一段时间就恢复到零的信号，归零信号便于提取时钟同步信息。

3) 按信号幅度取值的不同，可将其分为二电平信号和多电平信号。二电平信号只有两种电平状态，习惯上称其为二元码或二进码。例如，单极性不归零码、单极性归零码、双极性不归零码、差分码等均为二元码。而双极性归零码虽然只表示两种状态：“1”和“0”，但它是三电平信号，三种电平分别为“+E”“0”“-E”，所以把这种码称为伪三元码。多电平信号的幅度可以取大于2的有限个离散值。当多电平信号取 2^n 种离散值时，每个多电平信号所含的信息量为 $\log_2 2^n = n$（bit），即为二电平信号的 n 倍。

（2）常用基带信号波形

下面以矩形脉冲为例介绍常用的几种基带信号波形，并在给定代码的情况下，画出相应的二进制脉冲序列波形。

1）单极性不归零码。单极性不归零码的波形如图3—1—2所示。

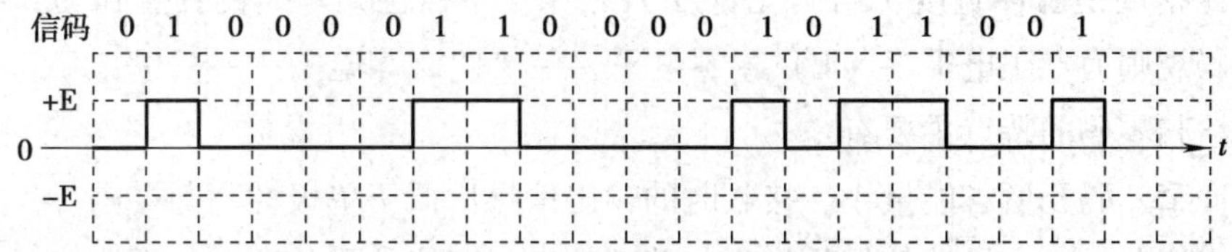

图3—1—2　单极性不归零码的波形

模拟信号经过脉冲编码调制（PCM）后的数字基带信号就是这种波形。它是一种最简单的基带信号波形，分别用占满一个码元周期的正电平（或负电平，由通信协议确定）和零电平来表示“1”和“0”。常用的数字电路就可以比较方便地处理单极性不归零脉冲。单极性不归零码一般用于近距离传输。

其编码规则为：正电平（+E）——“1”，零电平——“0”。

单极性不归零码的特点主要有：

①发送能量大，有利于提高接收端信噪比。

②在信道上占用频带较窄。

③有直流分量，会导致信号的失真与畸变；由于直流分量的存在，无法使用一些交流耦合的线路和设备进行传输。

④在输入为连“1”或连“0”码时，不能直接提取同步信号。

⑤接收单极性不归零码的判决电平应取“1”码电平的一半。在信号随信道特性变化时，判决电平不能稳定在最佳的电平，抗噪性能不好。

⑥传输时要求信道的一端接地，这样不能用两根芯线均不接地的电缆传输线。

2）单极性归零码。单极性归零码的波形如图3—1—3所示。

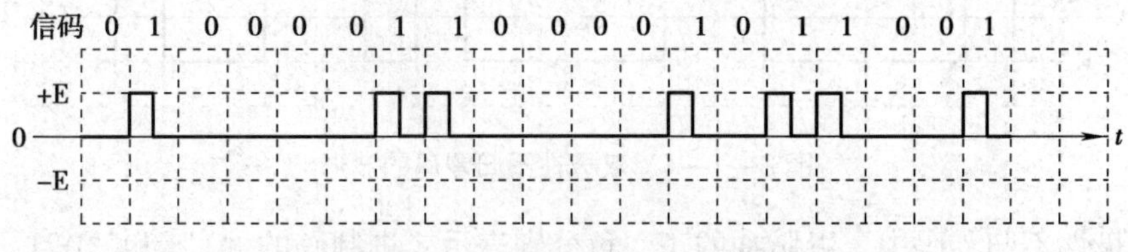

图3—1—3　单极性归零码的波形

单极归零码也称为占空码，这种码型用宽度不占满一个码元周期的正脉冲（或负脉冲）表示“1”，用零电平表示“0”，即每个脉冲在码元周期内总要回归到零电平。单极性归零码与单极性不归零码比较，具有单极性码的一般缺点，但也有其优点，即可以直接提取同步信号。此优点虽不意味着单极性归零码能广泛应用到信道传输，但它却是其他码型提取同步信号需采用的一个过渡码型。因此，对于其他适合于信道传输但不能直接提取同步信号的码型，可以采取先变换为单极性归零码再提取同步信号的方法来获得系统同步。

占空比指的是脉冲宽度 τ 与码元宽度 T_b之比。单极性归零码的占空比为50%。

其编码规则为：正电平（+E）+零电平——“1”，零电平——“0”。

单极性归零码的特点主要有：

①脉冲窄，码元所含能量小，接收时的输出信噪比低于单极性不归零码。

②有直流分量，会导致信号的失真与畸变；由于直流分量的存在，无法使用一些交流耦合的线路和设备进行传输。

③接收单极性归零码的判决电平应取“1”码电平的一半。在信号随信道特性变化时，难以保持最佳门限。

④因码元间隔明显，便于提取位同步信息，是其他波形提取位定时信号时需要采用的一种过渡波形。

⑤在信道上占用频带比单极性不归零码要宽。

⑥脉冲窄，有利于减小码元波形的相互影响。

由于前述单极性码的特点，单极性码不适合于信道传输，所以一般将终端送来的单极性码通过脉冲形成器（码型变换器）转变为适合于信道传输的码型，其中最简单的一种码型是双极性码。

3）双极性不归零码。双极性码的特点是数字信号用两个极性相反而幅度相等的脉冲表示。二进制的“1”和“0”分别与正、负电平相对应。双极性码同样有不归零码和归零码两类。

双极性不归零码的波形如图3—1—4所示。

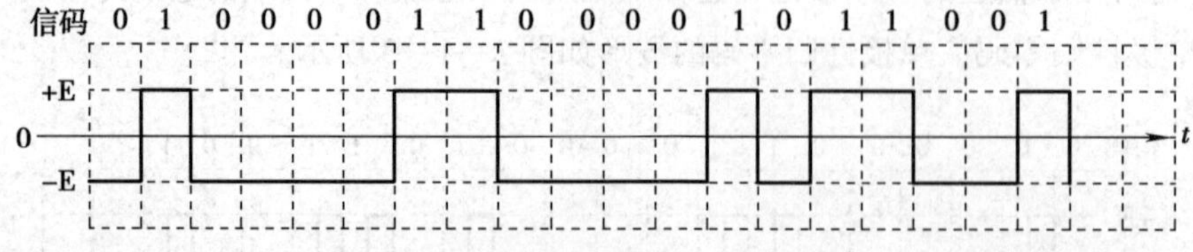

图3—1—4　双极性不归零码的波形

在双极性不归零码中，以脉冲的正、负分别表示二进制码的“1”和“0”。不归零是指在码元时间内电平保持不变。从统计规律来看，二进制码的“1”和“0”出现的概率相等，所以整个波形的电平均值为0，即无直流分量，因此在接收端恢复信号的判决电平也为0。这有利于消除由于信道对直流的衰减而带来的对判决电平变化的影响。但当“1”和“0”出现概率不等时，其仍含有直流分量。从双极性不归零码中仍无法直接提取同步信息。双极性不归零码抗干扰能力强，已在高速网络技术中得到应用，以前则有时作为线路码使用。这是因为双极性不归零码可以在无接地条件下的传输线路传输，例如ITU－T的V系列接口标准或RS—232接口标准

其编码规则为：正电平（+E）——“1”，负电平（－E）——“0”。

双极性不归零码的特点主要有：

①从统计角度来看，当“1”和“0”数目各占一半时无直流分量，但当“1”和“0”出现概率不等时，仍有直流分量。

②接收双极性不归零码时判决门限为0电平，容易设置并且稳定不变，因此其抗干扰能力强。

③不能直接从双极性码中提取位同步信息。

④可以在电缆等无接地线路上传输。

4）双极性归零码。双极性归零码的波形如图3—1—5所示。

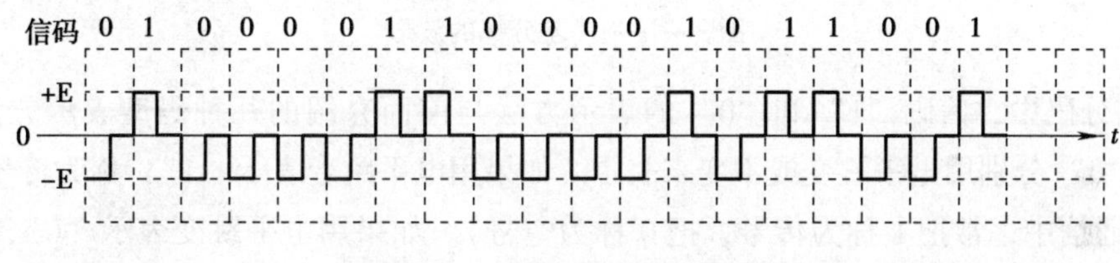

图3—1—5　双极性归零码的波形

双极性归零码的构成原理与单极性归零码相同。每一个码元被分成两个相等的间隔，“1”码是在前一个间隔为正电平而后一个间隔回到零电平，而“0”码则是在前一个间隔内为负电平而后一个间隔回到零电平。

双极性归零码的优点是：发送端不必按固定频率发送信号，接收端也不必提取同步信息。因为双极性归零码在传输线上分别用正脉冲和负脉冲表示，且相邻脉冲间必有零电平区域存在，因此，在接收端根据接收波形归于零电平便可知道1比特信息已接收完毕，从而为下一比特信息的接收做好了准备，所以在发送端不必按固定频率发送信号。相当于正负脉冲前沿起启动信号的作用，后沿起终止信号的作用，故能够经常保持正确的比特同步，即接收端不必提取同步信息。这种收发之间无须特别定时，且各符号独立构成起止方式的同步方式称为自同步方式。

在双极性归零码中，当“1”和“0”不是等概率出现时，码流中仍有直流分量。

其编码规则为：正电平（+E）+零电平——“1”，负电平（－E）+零电平——“0”。

双极性归零码的特点主要有：

①从统计角度来看，“1”和“0”数目各占一半时无直流分量，但当“1”和“0”出现概率不相等时，仍有直流分量。

②接收双极性归零码时判决门限为0电平，容易设置并且稳定不变，因此其抗干扰能力强。

③能直接提取位同步信息。

5）差分码。差分码的波形如图3—1—6所示。差分码不是用码元本身的电平表示消息代码，而是用相邻码元电平的跳变和不变来表示消息代码。由于差分码是以相邻脉冲电平的相对变化来表示代码，因此称为相对码，而相应地称前面的单极性码或双极性码为绝对码。

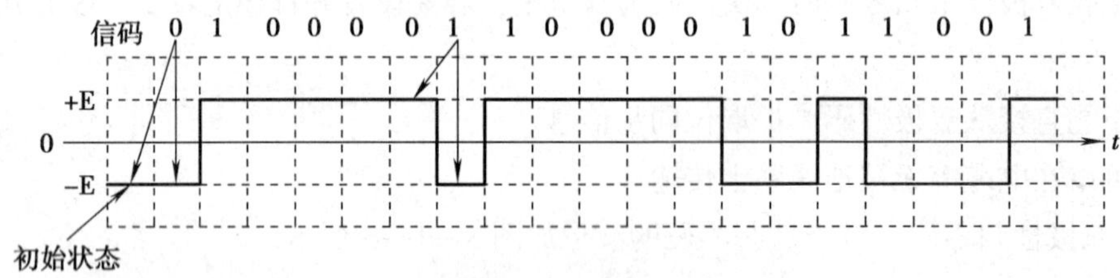

图3—1—6　差分码的波形

在差分码中，信码“1”和“0”的表示方法与前面介绍的几种码型表示方法不同，“1”和“0”分别用电平跳变或不变来表示。如果用电平跳变表示“1”，称为传号差分码（在电报通信中，常把1称为传号，把0称为空号）。如果用电平跳变表示“0”，称为空号差分码。如图3—1—6所示，差分码在形式上与单极性或双极性码型相似，这里以双极性码型表示，但差分码代表的信息符号与码元本身电平或极性无关，而仅与相邻码元的电平变化有关。

这里定义相邻码元发生跳变表示信码“1”，相邻码元极性不变表示信码“0”，并且规定差分码的初始状态为低电平，如图3—1—6所示，波形的初始状态为“－E”。

对于差分码，即使接收端收到的码元极性与发送端完全相反，也能正确地进行判决。

差分码利用前后码元电平的相对极性变化来传送信息这一原理非常重要，这一原理在第四章数字频带传输技术的相移键控调制（DPSK）中还会用到。

6）多值波形（多电平波形）。上述各种信号都是一个二进制符号对应一个脉冲。实际上还存在多个二进制符号对应一个脉冲的情形。这种波形统称为多值波形或多电平波形，它的每一个值可用1个二进制码来表示。对于n位二进制码而言，可以用$M=2^n$种电平来传输。与二电平脉冲传输相比，传输时所需要的信道频带降为$1/n$，在码元速率一定时可以提高信息速率。例如，若令两位二进制符号00对应＋3E，01对应＋E，10对应－E，11对应－3E，则所得波形为四值波形，如图3—1—7所示。为了减少接收时因错判脉冲幅度而引起误码，通常采用格雷码表示。由于这种波形的一个脉冲可以代表多个二进制符号，所以它不仅应用于频带受限的高速数据传输系统中，而且还广泛应用于频带传输（调制传输）中。

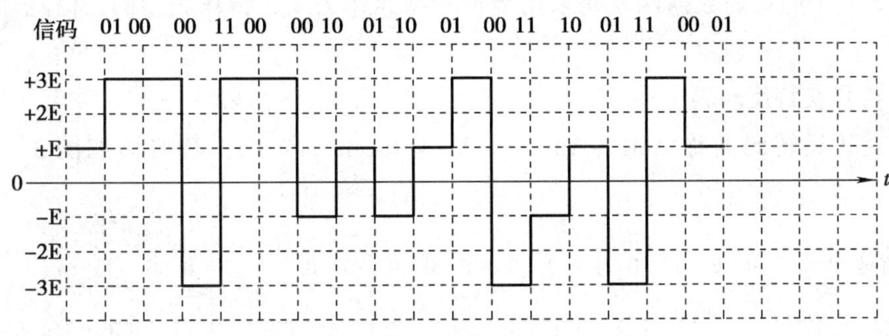

图 3—1—7　多值波形（多电平波形）

二、数字基带信号常用线路传输码型

1. 常用线路传输码型

为了满足基带传输的实际需要，一般情况下都要求将单极性脉冲序列经过适当的基带编码，以保证传输码型中不含有直流分量，并且具有一定的检测错误信号状态的能力和适应不同信源统计特性的能力。在基带传输中，目前传输码型已有 100 多种，ITU—T 建议使用的也有 20 余种。下面介绍几种常用的适合在信道中传输的传输码型。

（1）曼彻斯特码

曼彻斯特（Manchester）码又称为分相码、裂相码或双相码，其波形如图 3—1—8 所示。

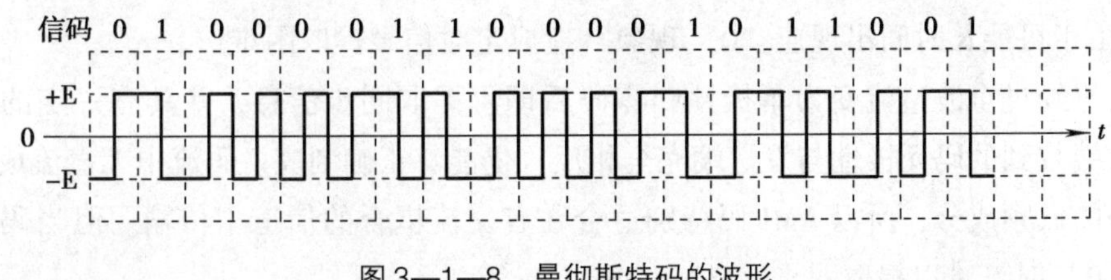

图 3—1—8　曼彻斯特码的波形

曼彻斯特码的每一个码元被分成高电平和低电平两部分，前一半代表码元的值，后一半和前一半相反。

其编码规则为：正电平（+E）+负电平（-E）——“1”，负电平（-E）+正电平（+E）——“0”。

由于曼彻斯特码在每个码元的中点都存在电平跳变，因而频谱中存在很强的定时分量，这有利于提取定时同步信号，而且定时分量的大小不受信源统计特性的影响。另外，因为每个码元中正、负电平各占一半时间，所以不会有直流分量，最长连“0”、连“1”数为2，所以具有一定的误码检测能力，编译码电路简单。但其码元速率比输入的信码速率要高一倍，所以曼彻斯特码占用的频带增加1倍。这种码型较适合于短距离的数据通信，如以太网中的本地数据网就是采用曼彻斯特码作为线路传输码型的，信息速率高达10 Mbps。

（2）传号交替反转码

传号交替反转码简称AMI（Alternate Mark Inversion）码，其波形如图3—1—9所示。

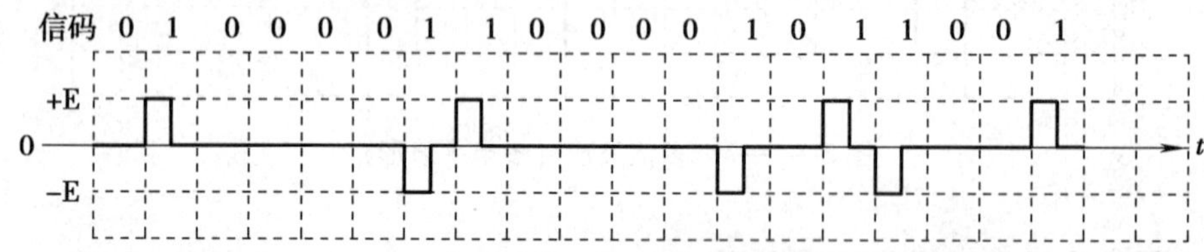

图3—1—9 AMI码的波形

其编码规则为：代码“0”为“0”，代码“1”交替变换为+E和-E的归零码。

此方式是单极性方式的变形，即将单极性方式中的0码仍与0电平对应，而1码对应发送极性交替的正、负电平。AMI码实际上是用三种电平来表示二进制信号的，故又称为伪三元码。其特点如下：

1）由于发送的非0电平交替出现，无直流分量。

2）可方便地变换为单极性归零码，获取定时信号。

3）具有一定的检错能力，可通过观察非0电平交替出现的规律是否被破坏而检错。

4）编/译码电路实现简单。

5）由于可能长时间出现连“0”现象，造成定时信号提取困难。

AMI码经过全波整流变为单极性归零码后即可提取同步信息，并具有一定的检错能力，接收端收到的码元极性与发送端完全相反，仍能够正确判决。码流中无直流成分，且只有很小的低频成分，所以AMI码特别适合在有交流耦合的信道中传输。但当码流中出现长连“0”时，难以提取同步信息。

（3）HDB3（High Density Bipolar 3）码

n阶高密度双极性码HDBn中应用最广泛的是三阶高密度双极性码（HDB3），其波形如图3—1—10所示。它是AMI码的一种改进码，以克服AMI码出现连“0”时丢失同步信号的缺点。HDB3码也是ITU—T推荐使用的线路传输码型之一。

在HDB3码中，信息码“1”仍然交替地变换为+E和-E的归零码，但信息中连“0”的个数被限制在4个以内。当出现4个连“0”时，就要用特定码字来替代。为了在接收端识别替代的特定码字，还需要在特定码组中设置破坏点。在这些破坏点上，传号极性的交替规律会受到破坏。

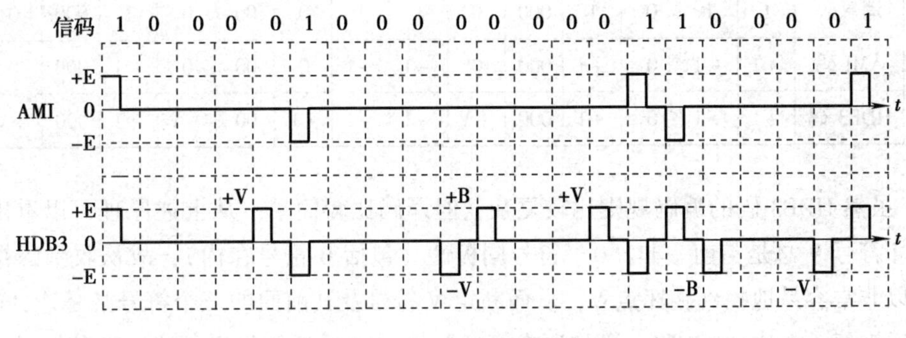

图 3—1—10　HDB3 码的波形

HDB3 码有两个特定码字："000V" 和 "B00V"。这两种特定码字的选用原则是使任意两个相邻 V 脉冲的极性相反。这样，相邻 V 脉冲的极性满足了极性交替的规律，从而保证了整个信号无直流分量。

1）HDB3 码的编码规则如下：

①当码流中无 4 个及 4 个以上连"0"码时，HDB3 码的编码规则与 AMI 码的相同（即"0"码仍为"0"，"1"码交替编为"+1"和"-1"）。

②当码流中有 4 个或 4 个以上连"0"码出现时，将每 4 个连"0"码划分为一节，并将每节中的第 4 个"0"码变为"1"码，用 V 脉冲表示，即将"0000"变为"000V"。为了便于接收端识别 V 脉冲，要求 V 脉冲的极性与前一个"1"码的极性相同。由于这一规定破坏了 AMI 码极性交替的规律，因而将 V 脉冲称为破坏点，而将"000V"称为破坏节。

③相邻破坏点 V 脉冲的极性应交替变化，以保证传输码中没有直流分量。可见 V 脉冲既要满足极性与前一个"1"码极性相同的规则，同时又要满足"极性交替"的规则。这在原信码中相邻两个 V 脉冲之间有奇数个"1"码的情况下，规则可以得到满足；但是当相邻两个 V 脉冲之间有偶数（0 看作偶数）个"1"码时，该规则将不能得到满足。解决的办法是将后一个破坏节中的第一个"0"码变为"1"码，并用 B 脉冲表示，即将后一个破坏节变为"B00V"。B 脉冲的极性与同节的 V 脉冲极性相同，与前一个"1"码极性相反。

【例 3—1—1】　模拟信号经过 PCM 编码后得到单极性码 1101000011000010000 1，为了在基带信道上能够正常传输，试对其进行线路传输码型的变换，编写相应的 AMI 码和 HDB3 码。

解：AMI 码和 HDB3 码的编码过程见表 3—1—1。

表 3—1—1　AMI 码和 HDB3 码的编码过程

步骤	编码	码型														
1	消息码	1	1	0	1	000	0	1	1	0	00	0	1	000	0	1
2	AMI 码	+1	-1	0	+1	000	0	-1	+1	0	00	0	-1	000	0	+1
3	HDB3 码	+1	-1	0	+1	000	+V	-1	+1	-B	00	-V	+1	000	+V	-1

2）虽然 HDB3 码的编码规则比较复杂，但译码比较简单。从上述原理可以看出，每一个破坏符号 V 总是与前一非“0”符号同极性（包括 B 符号在内），故从收到的符号序列中可以非常容易地找到破坏点 V，从而断定 V 符号及其前面的三个符号必是连“0”符号，然后恢复 4 个连“0”码，再将所有 -1 变成 +1，最后便得到原消息代码。

其译码规则如下：

①由相邻两个同极性码找出 V 码，同极性码中的后面那个码为破坏脉冲 V。

②由 V 向前数第三个码如果不是零码，表明它是 B 码。

③将 V 码和 B 码去掉以后留下来的全是信码。

译码过程见表 3—1—2。

表 3—1—2　HDB3 码的译码过程

HDB3	-1	0	0	0	-1	+1	0	0	0	+1	-1	+1	-1	0	0	-1	+1	-1
译码 1	-1	0	0	0	-V	+1	0	0	0	+V	-1	+1	-B	0	0	-V	+1	-1
译码 2	-1	0	0	0	0	+1	0	0	0	0	-1	+1	0	0	0	0	+1	-1
代码	1	0	0	0	0	1	0	0	0	0	1	1	0	0	0	0	1	1

3）HDB3 码除保持了 AMI 码的优点外，还增加了使连“0”串减少到至多 3 个的优点，而不管信息源的统计特性如何，这对于同步信号的恢复十分有利。

HDB3 码的优点如下：

①正、负脉冲均衡，无直流分量，便于基带传输。

②连“0”最多 3 个，便于提取时钟同步信号。

③极性交替反转，有检错能力。

④编码比较复杂，但解码比较简单。

【例 3—1—2】　信码为 0100001100001011001，画出其所对应的单极性不归零码、差分码、双相码、AMI 码、HDB3 码等线路传输码型的波形。

解：单极性不归零码、差分码、双相码、AMI 码、HDB3 码的波形如图 3—1—11 所示。

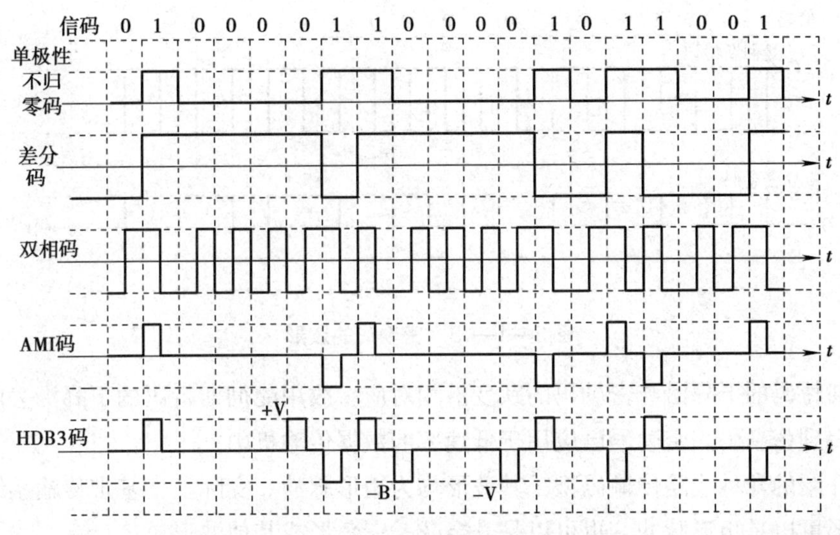

图 3—1—11　几种码的波形

(4) 传号反转（CMI）码

传号反转码的波形如图 3—1—12 所示。传号反转码是一种双极性二电平不归零码。在 CMI 码中，“1”码交替地用“11”和“00”两位码表示，而“0”则固定地用“01”表示。

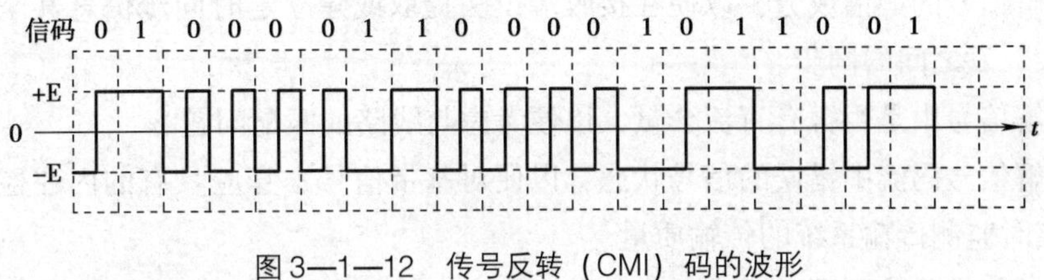

图 3—1—12　传号反转（CMI）码的波形

CMI 码没有直流分量，有频繁的波形跳变，这个特点便于恢复定时信号，并且“10”为禁用码组，不会出现 3 个以上的连码，这个规律可用来进行宏观检测。

由于 CMI 码易于实现且具有上述特点，因此在高次群脉冲编码终端设备中被广泛用作接口码型，在光纤传输系统中有时也用作线路传输码型。

(5) 密勒（Miller）码

密勒码又称为延迟调制码，可看成是曼彻斯特码的一种变形，其波形如图 3—1—13 所示。

其编码规则为：“1”码用码元持续时间中心点出现跃变来表示，即用“10”或“01”来表示。“0”码分两种情况处理，对于单个“0”时，在码元持续时间内不出现电平跃变，且与相邻码元的边界处也不跃变；对于连“0”时，在两个“0”码的边界处出现电平跃变，即“00”与“11”交替，如图 3—1—13 所示。若两个“1”码中间有一个“0”码时，密勒码流中出现最大宽度为 $2T_b$（T_b为码元周期）的波形，可以用此特性来进行误码检测。

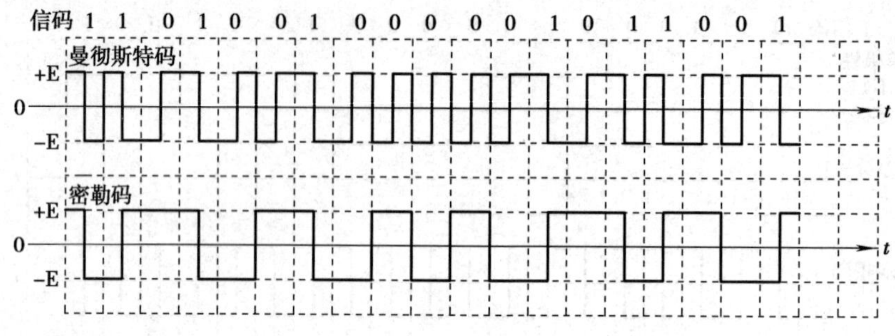

图 3—1—13　密勒码的波形

曼彻斯特码的下降沿与密勒码的跃变沿相对应。故用曼彻斯特码的下降沿去触发双稳电路即可得到密勒码。密勒码已应用于低速率的数据传输机中。

以上介绍的几种线路传输码型，其波形均为矩形脉冲。实际上，基带传输系统中各处的信号波形可以是矩形脉冲，也可以是升余弦、三角形或其他波形。

2. 基带传输码型的分析

（1）基带传输码型分析的主要目的

1）了解信号功率的分布情况，以便考虑信号频带宽度与传输网络的传递函数之间的匹配问题。

2）了解信号的频谱成分，以便在接收端设法提取或建立定时同步信息甚至群同步信息，实现收、发之间的同步。

3）了解信号中是否含有直流分量，以便考虑与线路的匹配问题。

4）了解信号码流中错误的信号状态，以便对基带信号本身应具有的内在检错能力提出要求，实时监测传输系统的传输质量。

5）分析邻道干扰问题。因为基带信号中的高频成分越丰富，对邻近线产生的干扰就越严重。

（2）基带传输码型的特点

在交流传输方式中，基带传输码型具有以下特点：

1）曼彻斯特码、密勒码、AMI 码、HDB3 码都不含有直流分量，可以作为线路码型。其中，密勒码、HDB3 码更适合于速率低于 9 600 bps 的场合。

2）从各种码型所占频带宽度来看，以二阶双极性码最窄，为 $0 \sim f_0/2$；以曼彻斯特码最宽，为 $0 \sim 2f_0$；其他码型介于两者之间。

3）从提取定时同步信号的难易程度来看，不归零码、单极性归零码、密勒码和 AMI 码在原始数据中出现连“0”码时，将使提取定时同步信号变得困难，因而这几种码型不具有透明性，其他码型则是透明的。

4）在传输过程中，如两根传输线对调接线位置，曼彻斯特码解码后易发生极性错误，其他码型则不会发生极性错误。

5）在各种码型发送峰值相同的条件下，AMI 码和 HDB3 码的发送功率低于其他码型的发送功率，故对邻道干扰最小。

6）从抗干扰性能来看，以二电平码为最好，因为其可用限幅器消除叠加在信号电平上的噪声。

7）密勒码、AMI 码和 HDB3 码均有较好的检错能力，这是利用了相邻码元之间存在的某种相关性。

由此可见，选择基带信号码型时不但要考虑信号功率的分布和输出频谱，还要对抗干扰能力、传输距离和速率、编码和译码电路实现的难易程度以及成本高低等诸多因素加以综合考虑。

思考与练习

1. 什么是数字基带信号？什么是基带传输？

2. 设二进制符号序列为 1101，试以矩形脉冲为例，分别画出相应的单极性不归零码、单极性归零码、双极性不归零码、双极性归零码和差分码的波形。

3. 模拟信号经过 PCM 编码后得到单极性码 10110000101000000000111100001，为了在基带信道上能够正常传输，试对该信号进行线路码型变换，编写出相应的 AMI 码和 HDB3 码。

4. 已知二进制数字信号为 1100111000001100000101，试画出其对应的曼彻斯特码、AMI 码、HDB3 码、CMI 码和密勒码的波形。

§3—2　数字基带传输系统

学习目标

1. 了解数字基带传输系统的组成。
2. 了解数字基带传输的基本准则。
3. 了解再生中继系统及 RS—232 标准。

§3—1 中分析了数字基带信号，特别是适合线路传输的码型，那么这些数字基带信号是怎么传输到接收端的呢？在基带信号的传输过程中会遇到哪些问题？数字基带传输系统是怎样构成的呢？

举个简单的例子，在有线信道中，直接用电传打字机进行通信时传输的信号就是基带信号。而传送数据时，以原封不动的形式将基带信号送入线路，称为基带传输。基带传输不需要调制解调器，设备费用低，适合短距离的数据传输，如一个企业、工厂就可以采用这种方式将大量终端连接到主计算机中。

一、基带传输系统的组成

不使用调制和解调装置而直接传输基带信号的系统称为基带传输系统。数字基带传输系统一般由信源、基带码型编码、发送滤波器、传输信道、接收滤波器、取样判决、基带码型译码、信宿等组成，如图 3—2—1 所示。

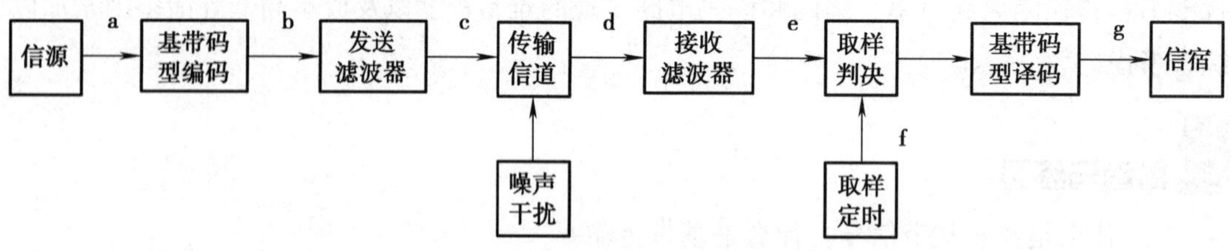

图 3—2—1　基带传输系统的组成框图

基带传输系统的输入信号是由信息源（DTE 设备）产生的脉冲序列。为了使这种序列适合在基带信道中传输，一般要对其进行码型变换和波形处理。码型变换是为了满足信道对线路传输码型的要求，而波形处理可使信号在基带传输系统中减小码间串扰。信号通过传输信道的传输之后，由于信道传输特性不理想，信号波形将会发生畸变，引起码元之间的波形串扰。此外，由于信道中存在随机的加性噪声干扰，需要进行匹配滤波，滤除其带外噪声，然后再经过均衡器，校正因信道传输特性不理想而产生的波形失真或码间串扰。最后，在取样定时脉冲作用下做出正确判决，恢复原基带信号。

数字基带传输系统各点波形如图 3—2—2 所示，在传输过程中有误码现象。

1. 基带码型编码

基带码型编码电路的输入是信源编码输出的二进制脉冲序列，它们一般是单极性不归零码，不适合信道传输。基带码型编码电路的作用是将原始基带信号转换为适合于信道传输的各种码型，如 AMI 码、HDB3 码等。

2. 发送滤波器

发送滤波器又叫信道信号形成网络。码型变换器输出的各种码型是以矩形为基础的，发送滤波器的作用就是将它转换为比较平滑的波形，如升余弦波形等，这样有利于压缩频带，便于传输。

3. 传输信道

传输信道是允许基带信号通过的媒介，通常不满足无失真传输条件，甚至是随机变化的。信道可以是电缆等狭义信道，也可以是带调制器的广义信道，信道中的窄带高斯噪声会给传输波形造成随机畸变。

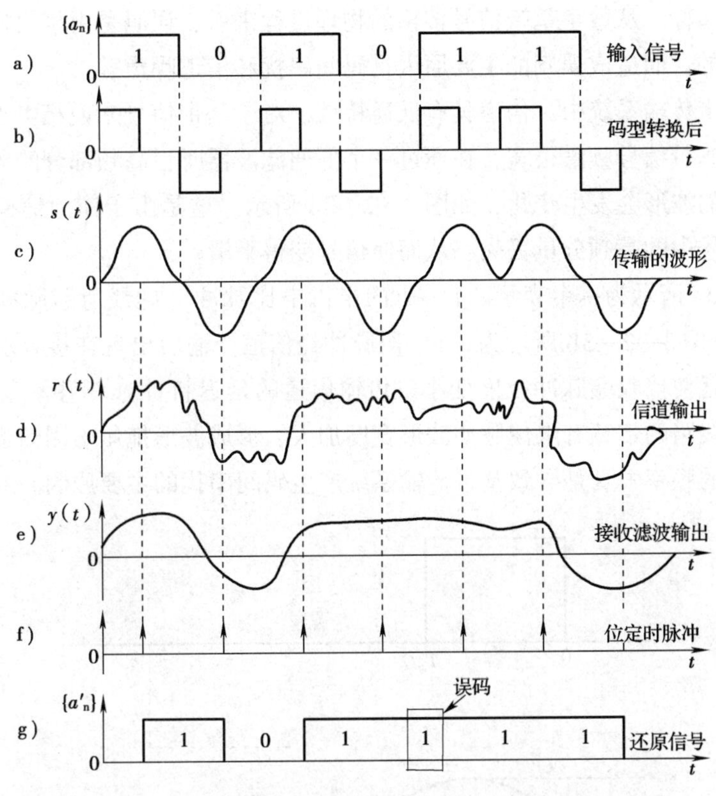

图3—2—2　数字基带传输系统各点波形示意图

4．接收滤波器

接收滤波器的作用是滤除混在接收信号中的带外噪声和由信道引入的噪声，对失真波形进行尽可能地补偿（均衡），使输出的基带波形有利于取样判决。

5．取样判决器

取样判决器是一个识别电路，在传输特性不理想及噪声背景下，在规定时刻（由位定时脉冲控制）对接收滤波器的输出波形进行取样判决，再恢复或再生基带信号。取样判决器的作用是将接收滤波器输出的信号波形放大、限幅、整形后再加以识别，进一步提高信噪比。

6．基带码型译码

基带码型译码将取样判决器送出的信号还原成原始信码。

二、数字基带传输的基本准则

1．基带传输中的码间串扰

数字通信的主要质量指标是传输速率和误码率，两者之间密切相关、互相影响。当信道一定时，传输速率越高误码率越大。如果传输速率一定，误码率就成为数字信号传输中最主要的性能指标。从数字基带信号传输的物理过程来看，误码是由接收机取样判决器的错误判决导致的，而造成误判的主要原因是码间串扰和信道噪声。

在数字基带传输系统中，信道具有低通特性，对于基带信号来说相当于一个低通滤波器。由于数字基带信号频谱很宽，在通过一个低通滤波器时，高频部分的分量会受到很大的衰减，信号的波形会发生变化，如图 3—2—2d 所示。这是由于作为信道的滤波器的带宽不够而使信号中的高频分量丢失，从而使信号变得平滑。

图 3—2—3a 所示为一个表示“1”码的半占空比脉冲（虚线所示脉冲为下一码元应出现的位置）。图 3—2—3b 所示为“1”码脉冲经信道传输后出现在接收端的波形，其中传输信道的衰耗使接收端脉冲幅度变小。传输信道的延迟特性（相移）使接收端脉冲波峰延后。传输线路的带宽有限使脉冲波形宽度加大，形成波形拖尾。因信道频带有限而产生的基带信号的频率失真是导致基带传输系统产生码间串扰的主要原因。

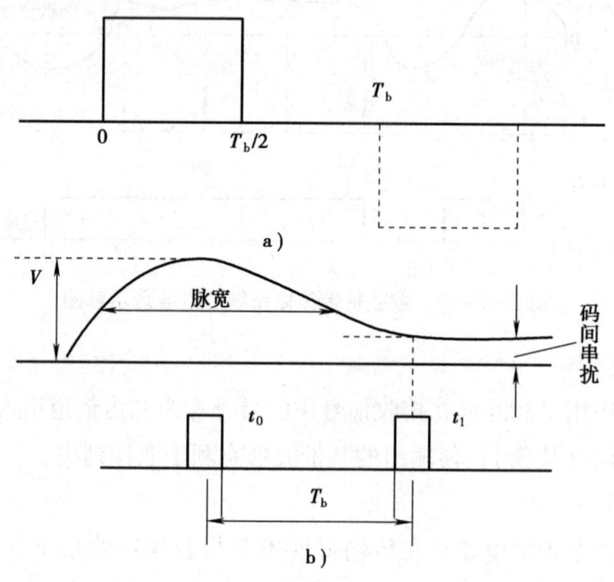

图 3—2—3　矩形脉冲传输波形失真示意图

a）传输前的半占空比矩形脉冲　b）传输后的失真脉冲波形

如果对接收端收到的失真波形直接进行取样判决，就会出现问题。在图 3—2—3b 中，传输后波形最大值出现在 t_0时刻，而且波形展得很宽，有拖尾。对该码元的取样判决时刻应选在 $t=t_0$时刻（码元波形最大值时刻称为最佳取样时刻），而下一个码元的判决时刻必然在 $t_1=t_0+t_b$。可见，在第二个码元的取样时刻 t_1，第一个码元的波形并未衰减到零，这势必会影响到第二个码元的正常判决。在实际通信中，往往都是连续不停地发送码元波形，因此，接收端在对某一码元取样判决时，通常会受到该码元前面若干个码元波形的共同影响，这种影响就是码间串扰。

码间串扰的程度与取样时刻、码元速率、基带码型和传输系统的频率特性等因素有

关，码间串扰严重时将引起误码。在不考虑噪声影响时，码间串扰对误码的影响如图 3—2—4 所示。图中，a_1、a_2和 a_3分别为前三个“1”码在 $t=3T_b+t_0$时刻（t 为接收端对第四个码元的取样判决时刻，t_0是第一码元的取样判决时刻）产生的码间串扰值；a_4为第四个码（“0”码）在 $t=3T_b+t_0$时刻的值。若这组码元采用双极性码（正电平表示“1”、负电平表示“0”），且判决门限为零电平，则当 $a_1+a_2+a_3+a_4<0$ 时，判决为“0”；反之，当 $a_1+a_2+a_3+a_4>0$ 时，判决为“1”。因此，当 $a_1+a_2+a_3>|a_4|$ 时将引起错判而产生误码。

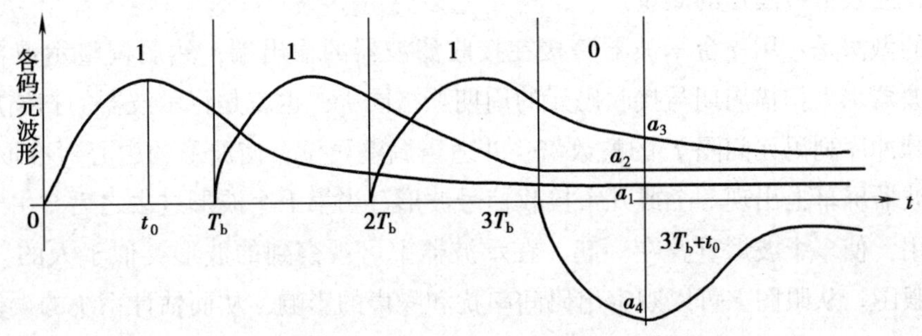

图 3—2—4 码间串扰对误码的影响

码元发生误码的原因之一是信道加性噪声，原因之二是传输总特性（包括收、发滤波器和信道的特性）不理想引起的波形延迟、展宽、拖尾等畸变，使码元之间相互串扰。此时，实际取样判决值不仅有本码元的值，还有其他码元在该码元取样时刻的串扰值及噪声。显然，接收端能否正确恢复信息，在于能否有效地抑制噪声和减小码间串扰。

2. 奈奎斯特第一准则

当基带传输系统具有理想低通滤波器特性（截止频率为 f_c）时，以截止频率两倍的速率 $R_B=2f_c$传输数字信号，则信道输出响应将无码间串扰，这便是奈奎斯特第一准则，这个速率也称为奈奎斯特速率。

频带利用率是码元速率 R_B与带宽 B 的比值。频带利用率越高，系统的有效性越好。显然理想低通传输函数的频带利用率为 2 波特/赫兹（Baud/Hz 或 B/Hz，即 2 bps/Hz），这是最大的频带利用率，也是取样值在无失真条件下所能达到的最高频带利用率。

奈奎斯特第一准则本质上是取样值无失真条件，它表明了无码间串扰和充分利用频带的基本关系。信号经过传输后，虽然整个波形会发生变化，但只要取样值保持不变，那么用再次取样的方法仍可以准确无误地恢复原始信号。因此，采用理想低通滤波器的冲激响应波形作为接收波形就不会产生码间串扰。

奈奎斯特速率是信号传输的极限速率。实际的系统不具有理想的传输特性，因此信号传输速率都低于奈奎斯特速率。例如，在 GSM 移动通信系统中，每一个信道带宽是 25 kHz，信号的传输速率（二进制传输）是 33. 8 kbps。

3. 码间串扰的衡量——眼图

从理论上来说，只要基带传输系统满足了奈奎斯特第一准则就可以消除码间串扰，但在实际系统中完全消除码间串扰是非常困难的。这是因为信号传递过程与发送滤波器、信道及接收滤波器有关，如部件调试不理想或信道特性发生变化，都可能使传递特性改变，产生码间串扰。

一个实际的数字基带传输系统是不可能完全消除码间串扰的，尤其是在信道不可能完全确知的情况下，要计算误码率非常困难。评价系统性能的实用方法是分析眼图，即利用示波器观察接收信号波形的质量。

具体的做法是：用一台示波器跨接在接收滤波器的输出端，然后调整示波器扫描周期，使示波器水平扫描周期与接收码元的周期严格同步，也就是将示波器的扫描周期调整为所接收脉冲序列码元间隔 T_S 的整数倍，并适当调整相位，使波形的中心对准取样时刻，这样在示波器屏幕上出现一个或几个接收信号波形。当第 1 个波形过去之后，由于荧光屏的余晖作用，使多个波形重叠在一起，在示波器上可观察到的波形类似于人的“眼睛”，故称其为眼图。从眼图上可以观察出码间串扰和噪声的影响，从而估计系统的误码情况。

图 3—2—5 所示为基带信号波形及眼图，图 3—2—5a 是无码间串扰的基带脉冲序列的波形，在示波器上每次重叠上去的迹线都会与原来的重合，呈现出迹线又细又清晰的“眼睛”。如图 3—2—5c 所示，“眼睛”张得很大。

图 3—2—5b 所示为有码间串扰的基带脉冲序列波形，此波形已经失真，用示波器观察到的扫描迹线就不完全重合，眼图的迹线就会不清晰，眼皮厚重，“眼睛”张开较小，甚至部分闭合，如图 3—2—5d 所示。眼图的“眼睛”张开的大小反映码间串扰的程度。

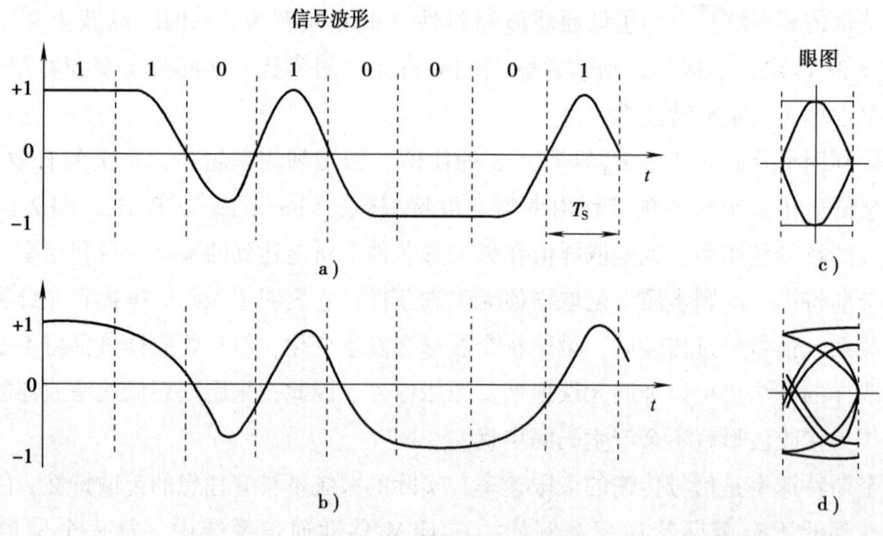

图 3—2—5　基带信号波形及眼图

当存在噪声时，噪声将叠加在信号上，眼图的迹线便模糊不清，“眼睛”张开得更小。由于出现幅度大的噪声机会很小，在示波器上不易被发现，因此，利用眼图只能大致估计噪声的强弱。眼图能直观地表明数字信号传输系统出现码间串扰和噪声的影响，能评价一个基带系统的性能优劣，因此，可将眼图理想化，简化为一个模型，如图 3—2—6 所示。

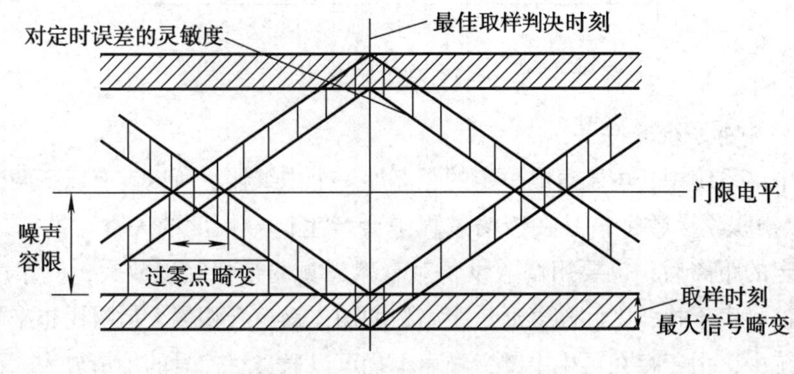

图 3—2—6　眼图模型

图 3—2—6 的含义如下：

（1）最佳取样判决时刻对应于“眼睛”张开最大的时刻。

（2）判决门限电平对应于眼图的横轴。

（3）最大信号失真量即信号畸变范围用眼皮厚度（“图中”上下阴影的垂直厚度）表示。

（4）噪声容限是用信号电平减去“眼皮”厚度的值，它体现了系统的抗噪声能力。

（5）过零点畸变为压在横轴上的阴影长度，它会影响系统的定时标准（有些接收机的定时标准是由经过判决门限点的平均位置决定的）。

（6）对定时误差的灵敏度由斜边的斜率反映，斜率越大灵敏度越高，对系统的影响越大。

总之，掌握眼图的各个指标后，在利用均衡器对接收信号波形进行均衡处理时，只需观察眼图就可以判断均衡效果，确定信号传输的基本质量。

三、再生中继系统

1. 再生中继系统的特点及作用

再生中继系统框图如图 3—2—7 所示。再生中继的目的是：当信噪比不太大的时候，对失真的波形及时识别判决（识别出是“1”码还是“0”码），只要不误判，经过再生中继后的输出脉冲会完全恢复为原数字信号序列。

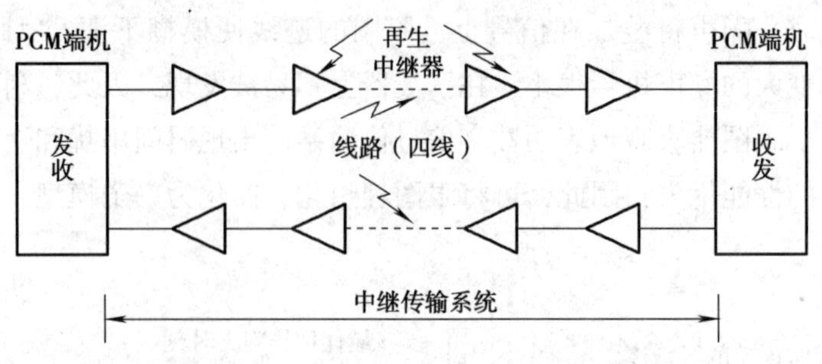

图 3—2—7　基带传输的再生中继系统框图

（1）再生中继系统的特点

在再生中继系统中，由于每隔一定的距离加一个中继器，所以它有以下两个特点：

1）无噪声积累。数字信号在传输过程中会产生信号幅度的失真。模拟信号也是如此，传输一定的距离后，也要用增益设备对衰减失真的信号加以放大，但噪声也会被放大，无法去掉噪声干扰，因此随着通信距离的增加，噪声会积累，信噪比越来越小。但在数字通信系统中，由于存在再生中继，噪声干扰可以通过对信号的均衡放大、再生判决后去掉，所以理想的再生中继系统是不存在噪声积累的。

2）有误码积累。所谓误码就是信息码在中继器的再生判决过程中因存在各种干扰，导致判决电路的错误判决，即将“1”码误判成“0”码或将“0”码误判成“1”码。这种误码现象无法消除，反而会随着通信距离的增加而积累。因为每个再生中继器都有可能误码，通信距离越长，中继站越多，误码积累越严重。消除误码积累是提高数字通信距离的关键。

（2）再生中继系统的作用

由于在传输过程中信道对信号存在衰减作用，以及信道的带宽不够和各种噪声干扰等因素的存在，数字信号通过信道传输时会产生失真，而且传输距离越长，波形失真越严重，当传输距离增加到一定长度时，收到的信号将很难识别，造成误码率增加，通信质量下降。图 3—2—8 所示为三种电缆的衰减特性。

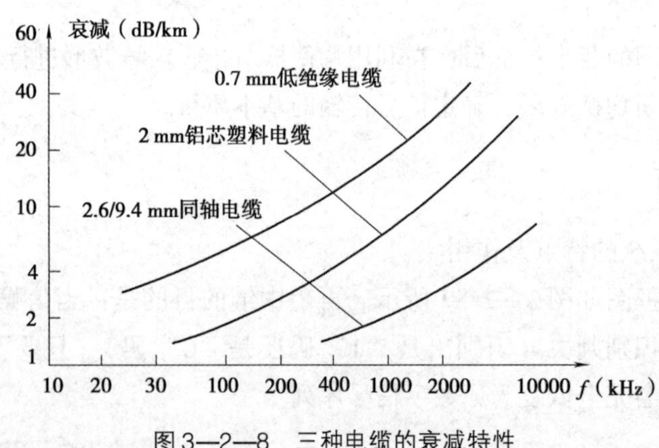

图 3—2—8　三种电缆的衰减特性

图 3—2—9 所示为一个宽度为0.4 μs、幅度为1 V 的矩形脉冲分别通过长度为461 m、927 m、1 397 m、1 800 m 的电缆传输后的波形示意图。

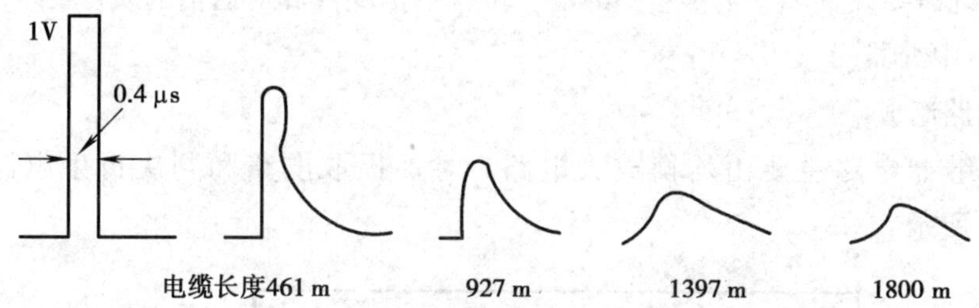

图 3—2—9　脉冲信号经过不同长度的电缆后波形的变化情况

由图可见，这种矩形脉冲信号经信道传输后，波形产生失真，其失真主要反映在以下几个方面：

1）接收到的信号波形幅度变小。

2）波峰延后。

3）脉冲宽度增加。

图 3—2—10 所示为双极性半占空码序列经过信道传输后的失真波形。为了减小信号在传输过程中带来的波形失真，在传输通道的适当距离应设置再生中继器，对经过一定距离传输后失真的波形进行整形，再生出与发送端一样的标准脉冲，使之能传输到更远的距离，这就是再生中继系统的作用。

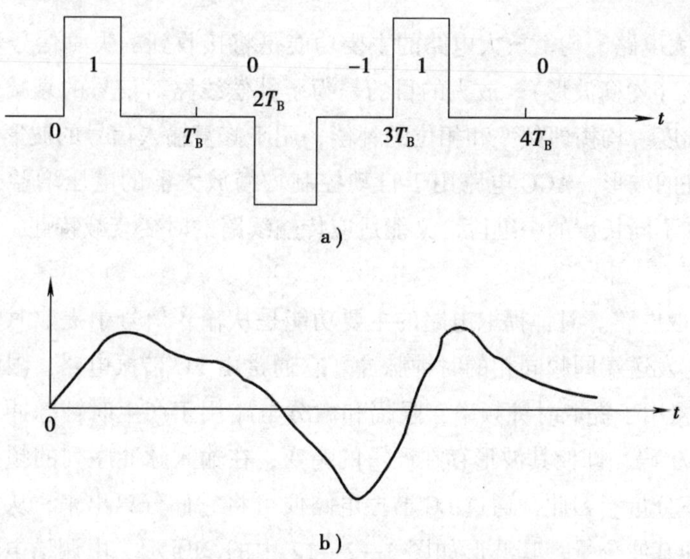

图 3—2—10　双极性半占空码序列经过信道传输后的失真波形

a）传输前的波形　b）传输后的波形

再生中继的目的是在信噪比不太大时，对失真波形及时识别判决（识别出“1”码还是“0”码），只要不误判，经过再生中继后的输出脉冲会完全恢复为原数字信号序列。一个通信系统需要设置多少个再生中继器，可视通信距离和对通信的质量要求而定。

2. 再生中继器

(1) 电路组成

再生中继器电路主要由均衡放大电路、时钟提取电路和判决再生电路组成，如图 3—2—11所示。

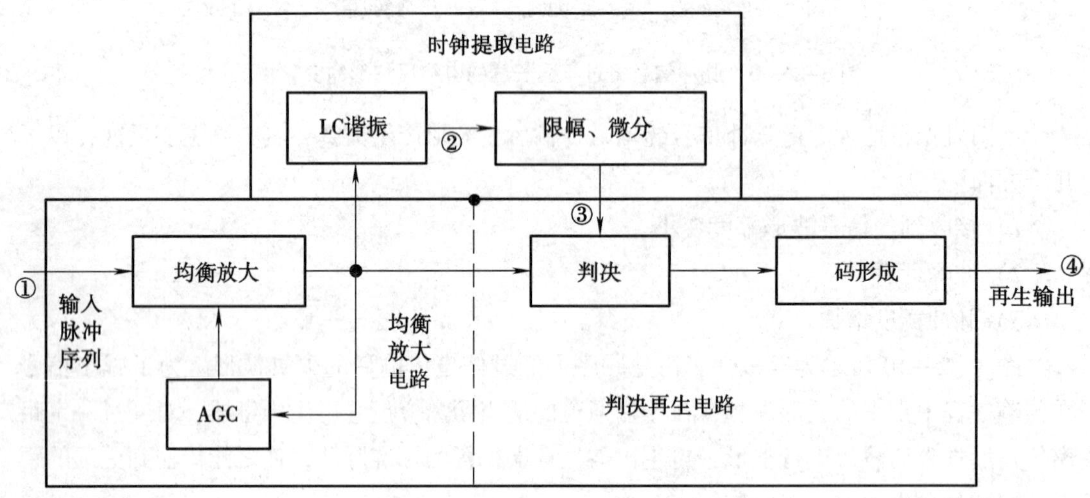

图 3—2—11　再生中继器的电路组成

1）均衡放大电路。均衡放大电路的主要功能是将接收到的失真信号均衡放大成易于取样判决的波形（均衡波形）。放大的目的是为了补偿线路对信号的衰减，为后级电路提供合适的信号幅度。均衡即频率和相位的补偿，用于修复输入信号的波形畸变，为判决再生电路提供良好的波形。AGC 电路用于自动控制均衡放大器的电压增益，以保证均衡放大器既能工作在不同长度的中继段，又能适应传输线路的时变衰减特性，使判决门限电平始终处于最佳值。

2）时钟提取电路。时钟提取电路的主要功能是从输入信号中提取时钟信号，为判决再生电路提供与发送端同频同相的时钟脉冲。它通常由 LC 谐振电路、限幅和微分电路组成。LC 谐振电路用于提取时钟频率，限幅和微分电路用于产生时钟脉冲。只要输入脉冲序列不是全“0”码，即使其波形存在严重的畸变，在输入脉冲序列的频谱中必定含有该序列的基波频率分量。因此，通过 LC 谐振电路便可将它们分离出来，从而获得输入信号的时钟频率，即基波分量，其波形如图 3—2—12 中的②所示。由调谐电路分离出来的基波信号经限幅器变为方波，再通过微分便得到尖脉冲，即时钟脉冲，其波形如图 3—2—12 中的③所示。时钟脉冲之所以要选择尖脉冲，是为了保证判决电路能准确动作。

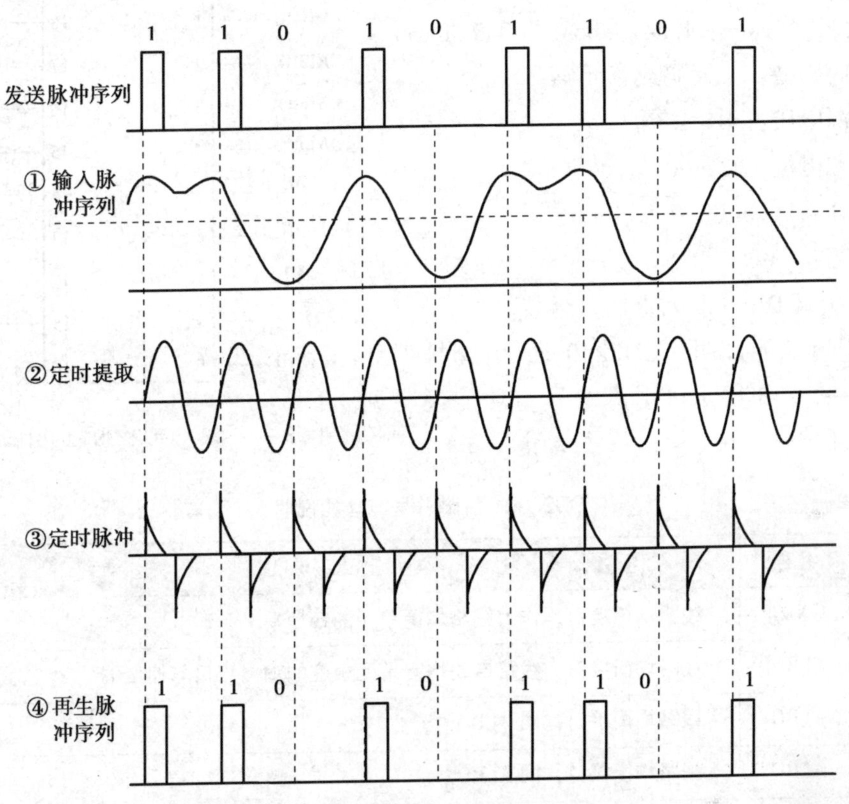

图 3—2—12　再生中继器电路中各点波形

3）判决再生电路。判决再生电路又称为识别再生电路，其主要功能是从经过均衡放大后的均衡波中判决出“1”码或“0”码，然后再生出与发送端相同的脉冲波形。它通常由判决电路和码形成电路组成。判决电路用于判决输入信号中脉冲的有无，即判决某一码元是“1”码还是“0”码。用于判决脉冲有无的电平称为判决电平。判决的过程实际上是电平比较的过程。在判决时刻，如果信号的电平高于判决电平，则该信号被判决为“1”码（即有脉冲）；否则被判决为“0”码（即无脉冲）。为了达到正确判决，判决电路应有最佳判决电平，为此，通常将电平值取为输入信号幅值的一半。

码形成电路通常是一个脉冲发生器，它受判决电路输出信号的控制。当判决为“1”码时，判决电路输出触发脉冲使码形成电路产生脉冲；当判决为“0”码时，判决电路不输出触发脉冲，因而码形成电路也不产生脉冲。这样，由码形成电路产生的脉冲序列将与发送端原来发送的脉冲完全相同（但不是对原来脉冲的放大处理，而是产生的新脉冲，所以无噪声积累），从而完成再生中继的功能。

(2) 大规模集成电路再生中继器（CD22301）

CD22301 是单片集成的 PCM 线路再生中继器，通常用于 PCM 基群信号传输。

1）技术特点

①典型工作速率：1.544 Mbps，2.048 Mbps。

②编码码型：二元码或三元码。

③电源电压：+5.1 V。

④电源电流：22 mA。

⑤功耗：110 mW。

⑥工艺：CMOS。

⑦18 引脚 DIP（双列直插）封装。

2）引脚功能说明。CD22301 的引脚排列顺序如图 3—2—13 所示。引脚符号与功能说明见表 3—2—1。

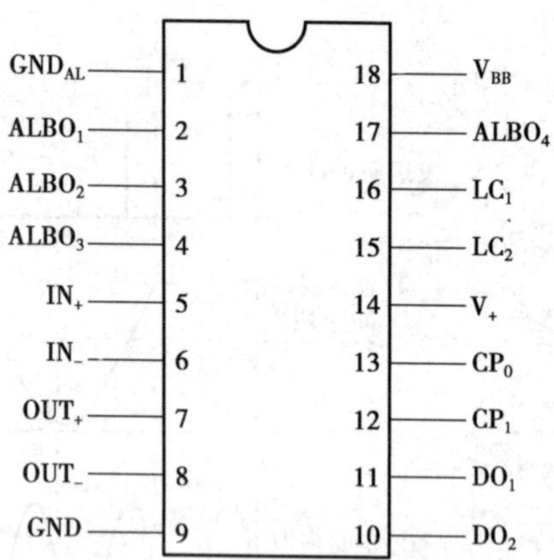

图 3—2—13　CD22301 的引脚排列图

表 3—2—1　CD22301 引脚符号与功能说明

引脚编号	名称	功能说明
1	GND_{AL}	线路均衡接口，作为线路均衡单元的接地端
2	$ALBO_1$	线路均衡接口，线路自动均衡单元相应的输出接口与偏量端
3	$ALBO_2$	线路均衡接口，同 $ALBO_1$
4	$ALBO_3$	线路均衡接口，同 $ALBO_1$
5	IN_+	PCM 码流预放大输入端
6	IN_-	PCM 码流预放大输入端
7	OUT_+	PCM 码流预放大输出端
8	OUT_-	PCM 码流预放大输出端
9	GND	接地
10	DO_2	数码输出，经 PCM 再生后输出 PCM 码对之一，与 DO_1 一起，经输出变压器合成再生的 PCM 双极性码流
11	DO_1	数码输出，经 PCM 再生后输出 PCM 码对之一，与 DO_2 一起，经输出变压器合成再生的 PCM 双极性码流
12	CP_1	定时信号输入端，再生中继器提取的时钟 CP_0 经过适当相移进入 CP_1 端
13	CP_0	时钟限幅输出端，通常时钟输出 CP_0 与 CP_1 之间接一电容作定时移相用
14	V_+	正电源
15	LC_2	接回路端，LC_2 和 LC_1 分别接外部 LC 回路的终端与抽头端，构成从码流中提取定时的选频电路

续表

引脚编号	名称	功能说明
16	LC_1	接回路端，LC_1 和 LC_2 分别接外部 LC 回路地终端与抽头端，构成从码流中提取定时的选频电路
17	$ALBO_4$	线路均衡接口，同 $ALBO_1$
18	V_{BB}	衬底，通常接地

3）电路组成。CD22301 的电路组成如图 3—2—14 所示。

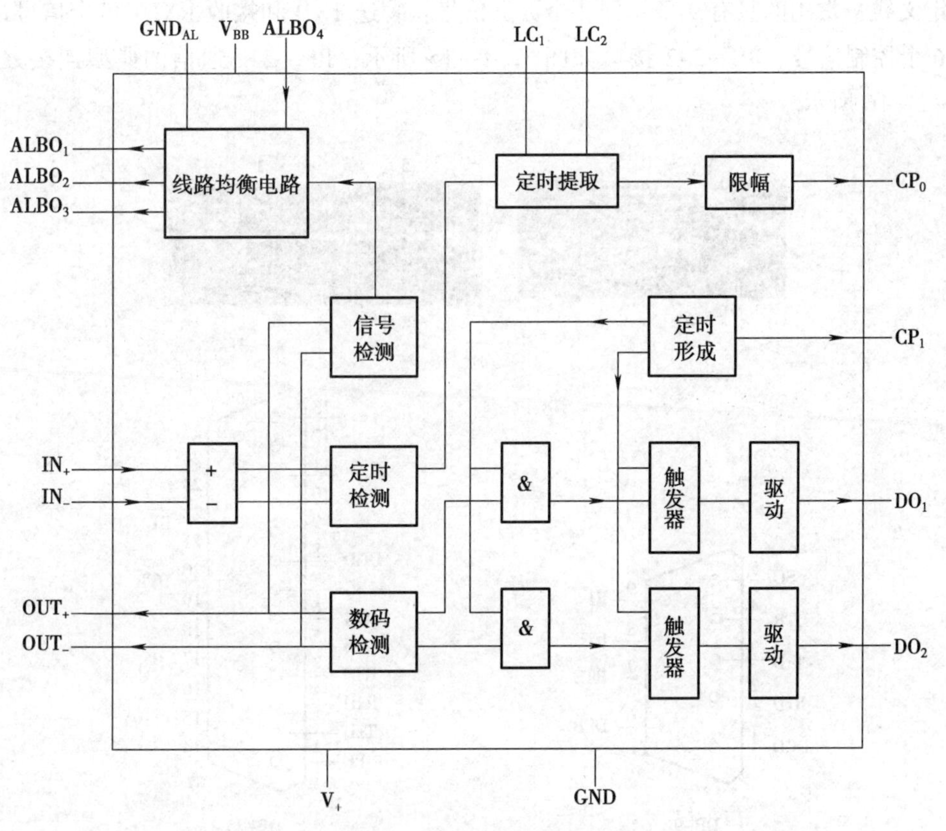

图 3—2—14 CD22301 的电路组成

CD22301 主要由输入信号预放、信号门限检测、定时提取、数码整形、定位与脉冲输出、外接线路均衡接口等模块组成。双极性 PCM 码流经输入变压器后成为两种单极性输入 IN_+ 及 IN_- 码对，经预放大进行门限检测，从中由 LC 回路提取定时信号，移相后整形、恢复出同步的定时序列，对检测后数据加以选通、定位和缓冲放大，从 DO_1、DO_2 输出一对单极性码，再经输出耦合变压器再生出双极性 PCM 码流。

四、RS—232 标准及相关标准简介

1. RS—232 标准简介

在串行通信时，要求通信双方都采用一个标准接口，使不同的设备可以方便地连接起来进行通信。RS—232 标准接口是目前最常用的一种串行通信接口。RS 是英文“推荐标准”的缩写，232 为标识号。经过历年的使用和发展，RS—232C 标准（协议）为 RS232 的最新一次修改（1969）标准。RS—232C 标准规定了 DTE（Data Terminal Equipment，数据终端设备）和 DCE（Data Communication Equipment，数据通信设备）之间的通信方法。

RS—232 标准接口有 25 条线，包括 4 条数据线、11 条控制线、3 条定时线、7 条备用和未定义线，常用的只有 9 条，即 2 个数据信号：发送 TXD 和接收 RXD；1 个信号地线：SG；6 个控制信号。RS—232 接口如图 3—2—15 所示，RS—232 通信的典型连接方式如图 3—2—16 所示。

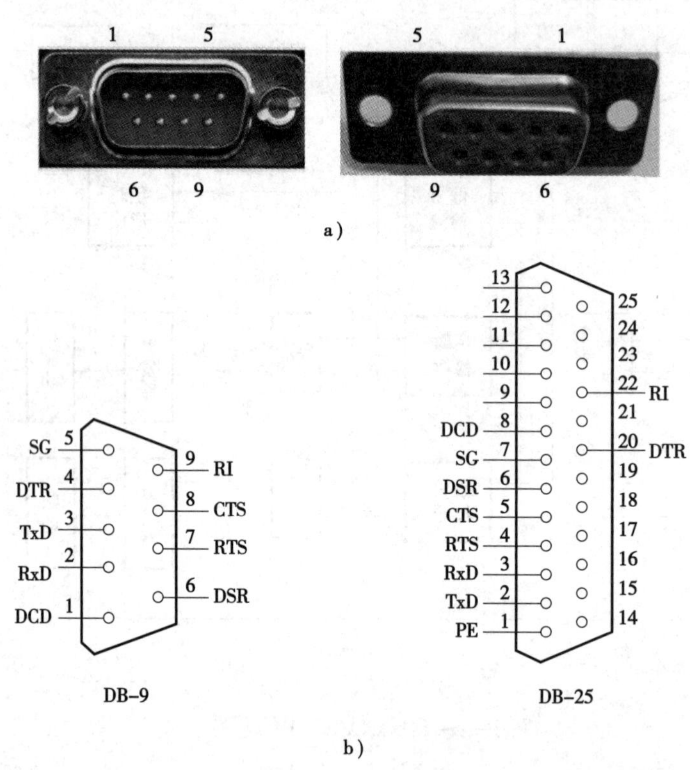

图 3—2—15 RS—232 接口

a）DB—9 接口实物图 b）DB—9 和 DB—25 连接器引脚的定义

2. 其他相关标准简介

（1）RS—422 标准

RS—422 是传统 Apple 计算机的串口连接标准。它使用差分信号，RS—232 使用非平

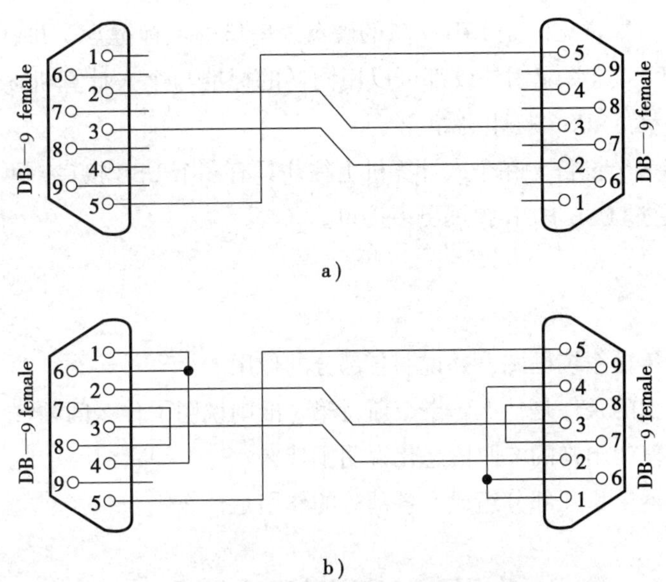

图 3—2—16　RS—232 通信的典型连接方式

a）最简单的连接方式　b）带回环的连接方式

衡参考地的信号。差分传输使用两根线发送和接收信号，相对于 RS—232，它有更好的抗噪性能和更远的传输距离。RS—422 的最大传输距离为 4 000 英尺（约 1 219 m），最大传输速率为 10 Mbps。

（2）RS—485 标准

RS—485 是 RS—422 的改进，RS—485 和 RS—422 都支持多点通信能力，但 RS—485 可允许最多 32 个设备，而 RS—422 的限制为 10 个。RS—485 同时定义了在最大设备个数情况下的电气特性，以保证足够的信号电压。有了多个设备的能力，可以使用单个 RS—485 串口建立设备网络。由于其出色的抗噪和多点通信能力，在工业应用中建立连向 PC 机的分布式设备网络、其他数据收集控制器或者其他操作时，串行连接会选择 RS—485。RS—485 是 RS—422 的扩展集，因此所有的 RS—422 设备可以被 RS—485 控制。RS—485 可以用超过 4 000 英尺（约 1 219 m）的线进行串行通信，最大传输速率为 10 Mbps。

（3）USB 接口

USB 是一个外部总线标准，用于规范计算机与外部设备的连接和通信。USB 接口可连接 127 种外设，如鼠标和键盘等。USB 经历了多年的发展，到如今已经发展为 3.0 版本。USB 设备主要具有以下优点：

1）可以热插拔。用户在使用外接设备时，不需要关机再开机等动作，而是在计算机工作时，直接将 USB 插上使用（即插即用）。

2）携带方便。USB 设备大多以“小、轻、薄”见长，对用户来说，随身携带大量数据时很方便。

3）标准统一。如常见的是 IDE 接口的硬盘、串口的鼠标键盘、并口的打印机扫描仪等，有了 USB 之后，这些应用外设都可以用同样的标准与个人计算机连接，这时就有了 USB 硬盘、USB 鼠标、USB 打印机等。

4）可以连接多个设备。在个人计算机上往往具有多个 USB 接口，可以同时连接几个设备，甚至可以通过 USB HUB 扩展更多接口。

思考与练习

1. 画出基带传输系统框图，并说明各部分的作用。
2. 无码间串扰的条件是什么？奈奎斯特第一准则说明了什么问题？
3. 眼图是如何测出来的？眼图恶化说明了什么？
4. 再生中继器由哪几部分组成？各部分的作用是什么？

实验三　眼图观察测量

一、实验目的

1. 掌握数字基带信号的传输过程。
2. 掌握眼图的观察及分析方法。

二、实验器材

RZ111 通信原理实验箱一台、20 M 双踪示波器一台。

三、知识准备

实验图 3—1 所示为眼图测量方框图。

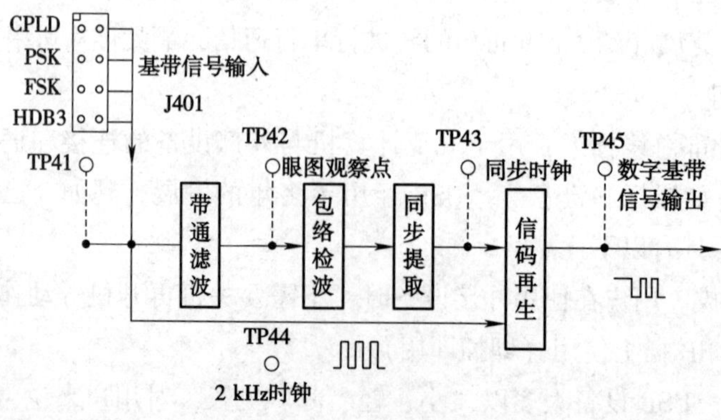

实验图 3—1　眼图测量方框图

实验图 3—2 中给出了从示波器上观察到的比较理想状态下的眼图照片。

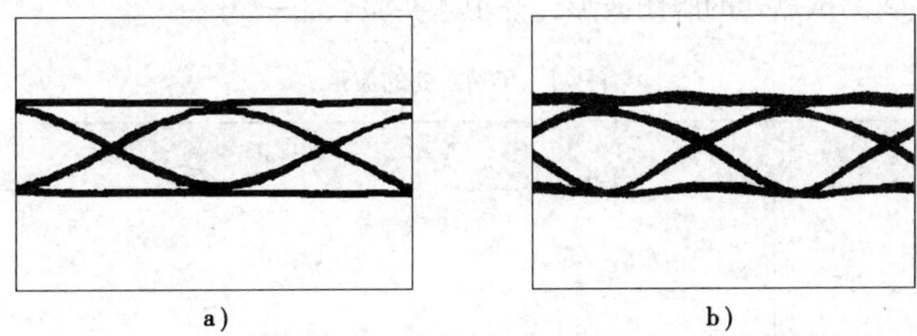

实验图 3—2　实验室理想状态下的眼图

a）二进制系统　b）随机数据输入用的二进制系统

四、实验内容及步骤

1. 将 PSK 解调电路的 2 kbps 数字基带信号送入该电路中，由 J401 的第二排接入，观察 TP41、TP42 测试点处的眼图波形，填入实验表 3—1 中。

实验表 3—1　　TP41、TP42 处的波形

测试点	波形图
TP41 处波形	
TP42 处波形	
波形分析	

2. 将 FSK 解调电路的 2 kbps 数字基带信号送入该电路中，由 J401 的第三排接入，观察 TP41、TP42 测试点处的眼图波形，并填入实验表 3—2 中。

实验表 3—2　　TP41、TP42 处的波形

测试点	波形图
TP41 处波形	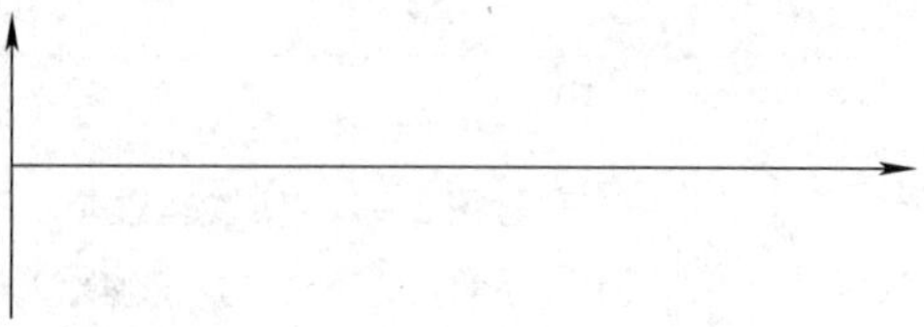
TP42 处波形	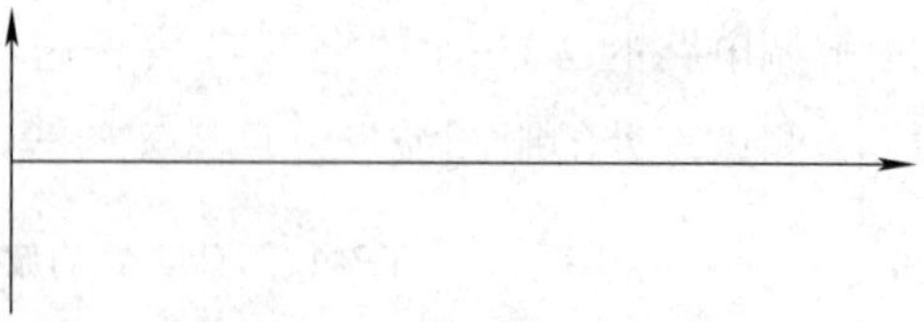
波形分析	

3. 将 CPLD 的可编程信号发生器产生的 2 kbps 数字基带信号送入该电路中，由 J401 的第一排接入，观察 TP41、TP42 测试点处的眼图波形，并填入实验表 3—3 中。

实验表 3—3　　TP41、TP42 处的波形

测试点	波形图
TP41 处波形	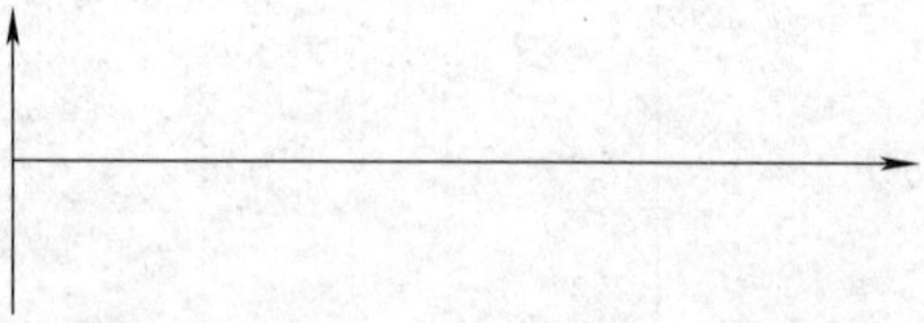

续表

测试点	波形图
TP42 处波形	
波形分析	

说明：将 HDB3/AMI 译码产生的 32 kbps 数字基带信号，由 J401 第四排接入，作为学生搭试眼图电路使用。

五、实验报告

1. 实验报告包括以下几部分：实验目的、实验器材、知识准备、实验内容及步骤和实验体会。

2. 记录测量结果并对测量结果进行分析。

第四章　数字频带传输技术

§4—1　二进制数字调制

1. 掌握二进制幅移键控（2ASK）的工作原理。
2. 掌握二进制频移键控（2FSK）的工作原理。
3. 掌握二进制相移键控（2PSK 和 2DPSK）的工作原理。

为了保证通信效果，克服远距离信号传输中的问题，必须通过调制将信号频谱搬移到高频信道中进行传输。这种将要发送的信号加载到高频信道的过程就叫调制。在实际应用中，无论模拟信号还是数字信号，通常有三种最基本的调制方法：调幅、调频和调相。例如，话音信号的频率一般为 0.3 ~ 3.4 kHz，那么话音信号是怎么变成 900 MHz、1 800 MHz 的射频信号进行传输的呢？这就需要调制，在数字通信系统中通常采用数字调制。本章主要介绍数字调制的相关内容。

一、调制概述

1. 基带信号调制的过程和作用

图 4—1—1 说明了基带信号的特征，无论是模拟基带信号还是数字基带信号都有这样的特点：其频谱是包括（或不包括）直流分量的低通频谱，最高频率和最低频率之比远大于 1。在实际通信中，多数信道（无线、有线）不能直接传输数字基带信号。对于有线信道，一方面，传统的通信网为模拟信号传输而设计，数字基带信号不能直接进入该通信

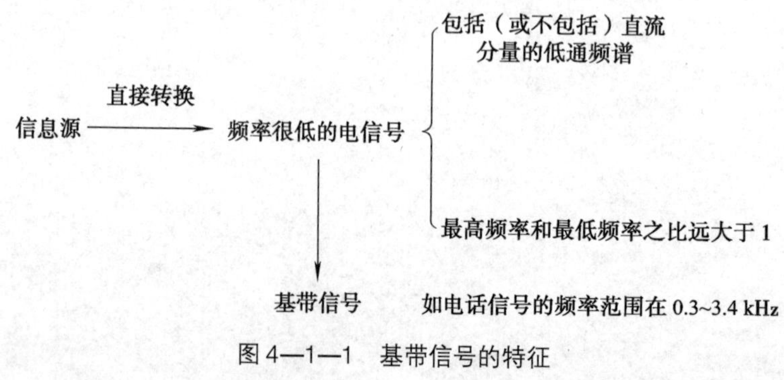

图 4—1—1　基带信号的特征

网；另一方面，传输线路中存在大量的电容、变压器等隔直设备，不利于数字基带信号（富含低频或直流分量）的传输。对于无线信道，由于数字基带信号的频率较低，不能通过有限尺寸的天线进行有效辐射。所以，图4—1—1所示的基带信号可以直接通过架空明线、电缆等有线信道传输，但不可能在无线信道中直接传输，即使可以在有线信道中传输，但一对线路上只能传输一路信号，对信道的利用是很不经济的。

图4—1—2所示是调制解调信号的变换过程，从中可以看出调制在通信中的作用主要有以下几个方面：

（1）调制将基带信号频谱搬移到一定的频带范围以适应信道的要求。

（2）经过调制后的频带信号更容易辐射，从而满足无线通信的要求。

（3）实现频率分配。

（4）实现多路复用。

（5）减少噪声和干扰的影响，提高系统抗干扰能力。

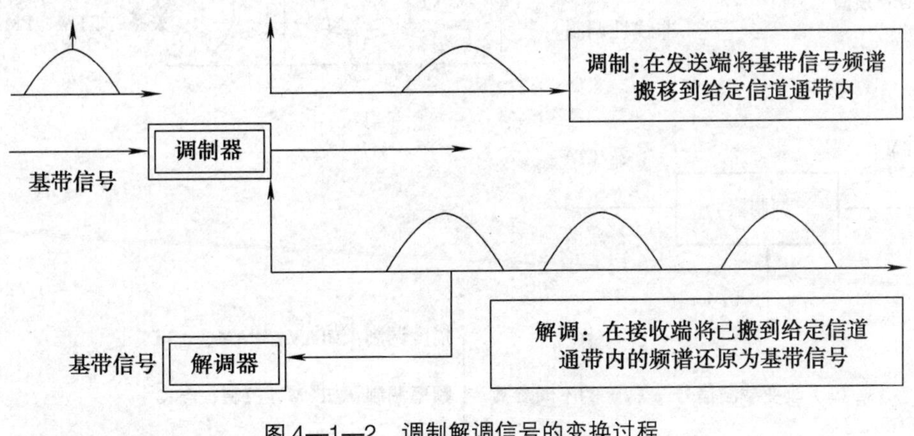

图4—1—2　调制解调信号的变换过程

2. 调制的类型

图4—1—3所示为调制的基本过程。在调制器中选择不同的参数，可以将调制分为不同的类型。根据输入信号 $s(t)$ 的不同，可以将调制分为模拟调制和数字调制。如果输入信号 $s(t)$ 是连续变化的模拟量（如单音正弦波），则这种调制是模拟调制；如果输入信号是离散的数字量（如二进制数字脉冲），则这种调制是数字调制。根据载波信号 $c(t)$ 的不同，可以将调制分为连续载波调制和脉冲载波调制。如果载波信号 $c(t)$ 是连续波形，则这种调制是连续载波调制；如果载波信号是脉冲波形，则这种调制是脉冲载波调制。

如图4—1—4所示，如果调制以后的频谱和原始信号频谱呈线性搬移关系，则这种调制为线性调制，如模拟调制中的调幅（AM）、数字调制中的幅移键控（ASK）；否则为非线性调制，如模拟调制中的调频（FM）、调相（PM），数字调制中的频移键控（FSK）。

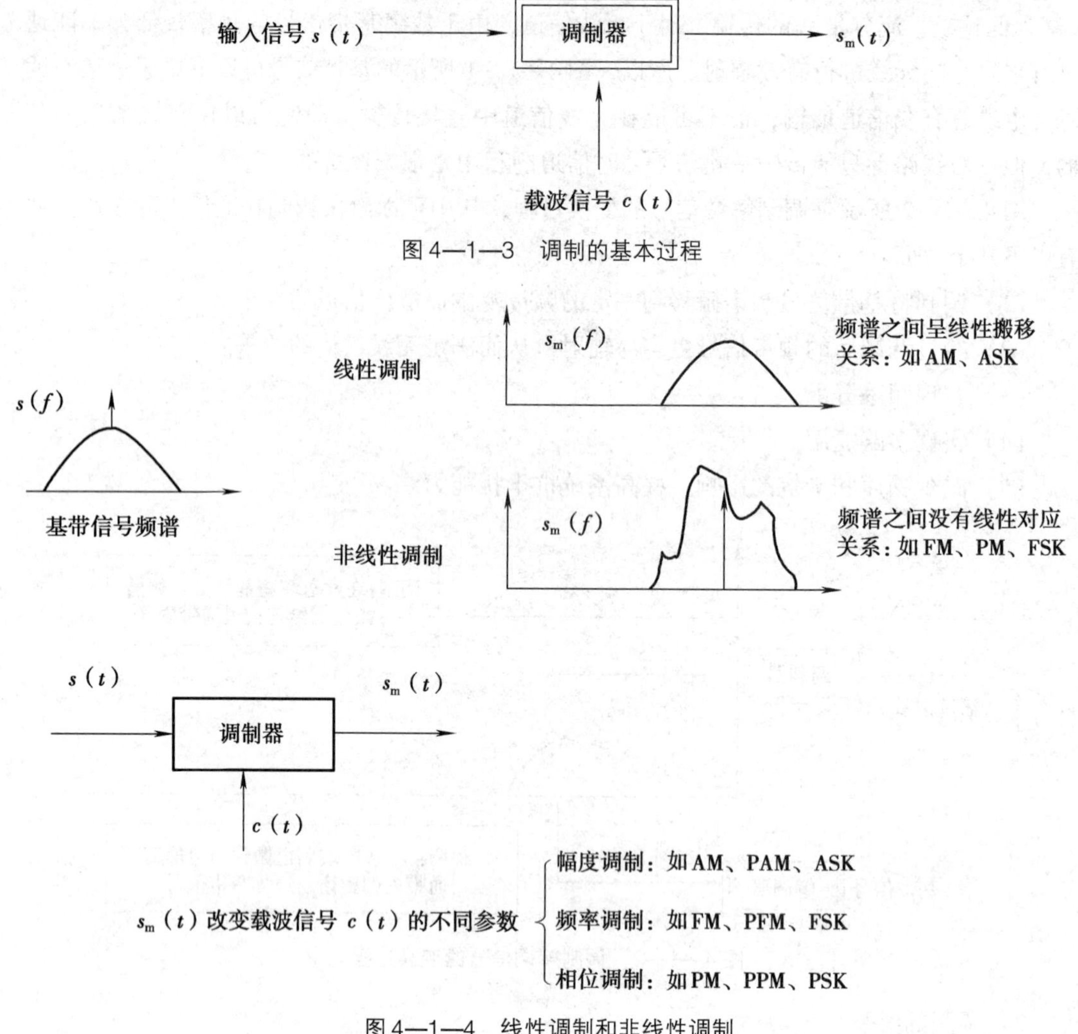

图 4—1—3　调制的基本过程

图 4—1—4　线性调制和非线性调制

另外，也可以根据基带信号改变载波信号的不同参数，将调制分为幅度调制（如 AM、PAM、ASK）、频率调制（如 FM、PFM、FSK）和相位调制（如 PM、PPM、PSK）。

3. 数字调制的种类

本书重点介绍的调制信号为数字基带信号，载波为正弦波的数字调制，如图 4—1—5 所示，其他调制方式可参阅有关参考书。

数字调制用载波信号的某些离散状态来表征所传送的信息，其过程类似于对高频载波信号进行开关控制的工作状态，所以数字调制通常称为数字键控。常见的数字调制有幅移键控（ASK，Amplitude Shift Keying）、频移键控（FSK，Frequency Shift Keying）、相移键控（PSK，Phase Shift Keying）以及它们的组合或改进。

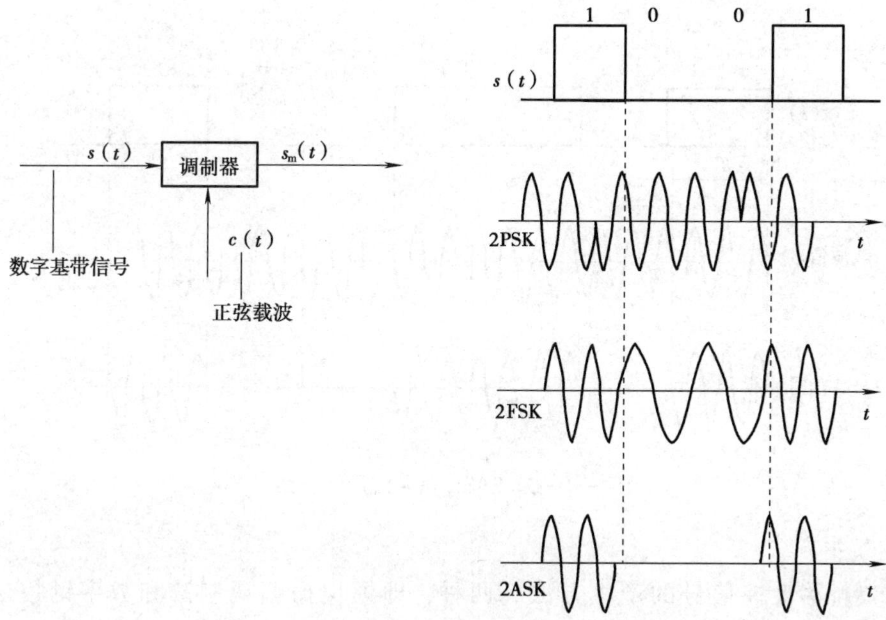

图 4—1—5　数字调制的种类

二、二进制幅移键控 2ASK（通断键控 OOK）

用数字基带信号对载波幅度进行调制的方式称为幅移键控。幅移键控（也称振幅调制）记作 ASK，或称其为开关键控（通断键控），记作 OOK（On – Off Keying）。二进制幅移键控通常记作 2ASK。

幅移键控调制因为传输效率低，在实际应用中已经很少采用，但它是研究数字调制的基础。了解了 ASK 调制，就比较容易理解频移键控（FSK）调制和相移键控（PSK）调制的原理。

1. 基本原理及其产生方法

（1）基本原理

2ASK 的原理是利用代表数字信息的“0”或“1”码的基带矩形脉冲去键控一个连续的载波，使载波时断时续地输出，有载波输出时表示发送“1”码，无载波输出时表示发送“0”码，如图 4—1—6 所示。

2ASK 信号波形如图 4—1—6 所示。信码为单极性不归零（NRZ）码，当信码为“1”时，2ASK 的波形是若干个周期的高频等幅波（图中为 3 个周期）；当信码为“0”时，2ASK 信号的波形是零电平。

在图 4—1—6 中，T_S为码元宽度。显然，基带信号起到开关控制作用，当基带信号为“1”码时，相当于开关接通，使载波输出；当基带信号为“0”码时，相当于开关断开，载波不输出。

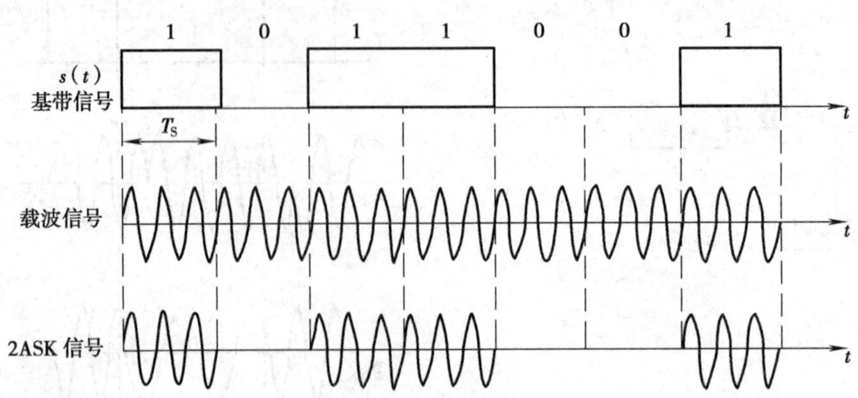

图 4—1—6　2ASK 信号波形示意图

（2）产生方法

二进制幅移键控信号的产生方法有两种，即模拟振幅调制法和数字键控法（见图 4—1—7）。

1）模拟振幅调制法。通过乘法器直接将高频载波和二进制数字基带信号（单极性不归零码波形）相乘得到 2ASK 信号，如图 4—1—7a 所示。这种直接利用二进制数字基带信号的振幅来调制正弦载波的方式称为模拟振幅调制法。

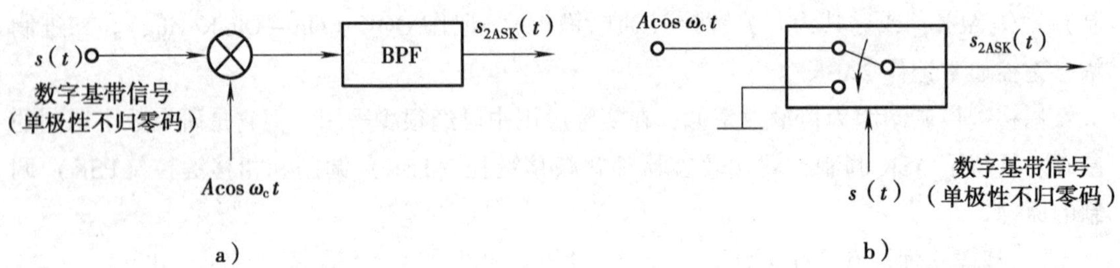

图 4—1—7　2ASK 波形的产生方法

a）模拟振幅调制法　b）数字键控法

2）数字键控法。由二进制数字基带信号去控制一个开关电路，当信码为“1”时，开关接通，有高频载波输出；当信码为“0”时，开关断开，无高频载波输出。这种二进制振幅键控方式称为开关键控（OOK）方式，如图 4—1—7b 所示。

在实际应用中，2ASK 信号的实现方法如图 4—1—8 所示，高频载波经过分频送到与非门，与非门在基带信号的控制下工作，当基带信号为高电平“1”时，门打开，高频方波信号通过与非门，送到三极管的基极，由三极管的发射极输出，经过带通滤波器后输出高频载波；当基带信号为低电平“0”时，与非门被封锁，载波信号不能通过与非门，无高频载波输出。

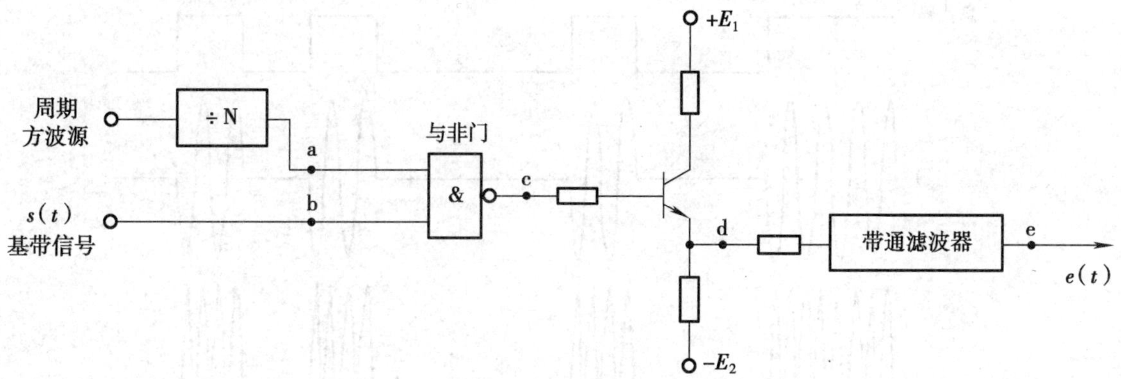

图 4—1—8　2ASK 信号的实现方法

2. 2ASK 信号的解调方法

从已调信号中恢复基带信号的过程称为解调，它是调制的逆过程，有两种基本解调方法，即非相干解调（包络检波法）和相干解调（同步检波法）。简单来说，非相干解调是指接收端不需要恢复载波信号即可实现解调，而相干解调则是在接收端必须恢复与发送端一致的载波才能实现解调。

（1）2ASK 信号的非相干解调

非相干解调又称包络检波法，其原理如图 4—1—9 所示。其中带通滤波器的作用是使 2ASK 信号完整地通过，经包络检波器后，输出其包络。低通滤波器的作用是滤除高频杂波，使基带信号（包络）通过。取样判决器包括取样、判决及码元形成，经取样、判决后将码元再生，即可恢复出数字序列。定时取样脉冲（位同步信号）是很窄的脉冲，通常位于每个码元的中央位置，其重复周期等于码元的宽度。

图 4—1—10 所示是 2ASK 信号的非相干解调的各点波形，图 4—1—10a 所示是接收信号通过带通滤波器后的波形，是一个 2ASK 信号波形；图 4—1—10b 所示是经过全波整流后的波形；图 4—1—10c 所示是包络检波器检出的包络；图 4—1—10d 所示是取样判决后恢复的数字基带信号波形。

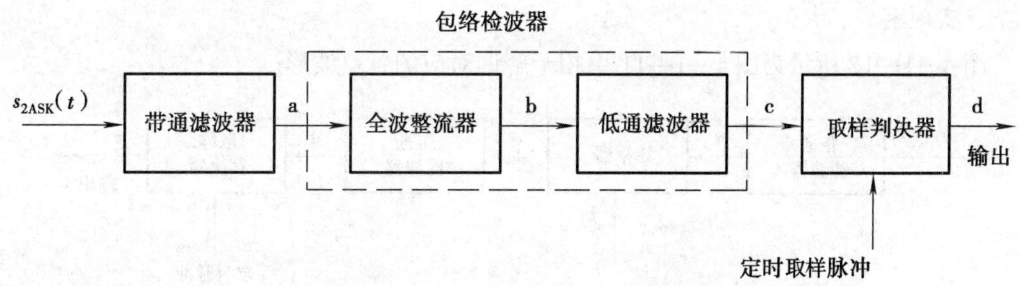

图 4—1—9　2ASK 信号的非相干解调

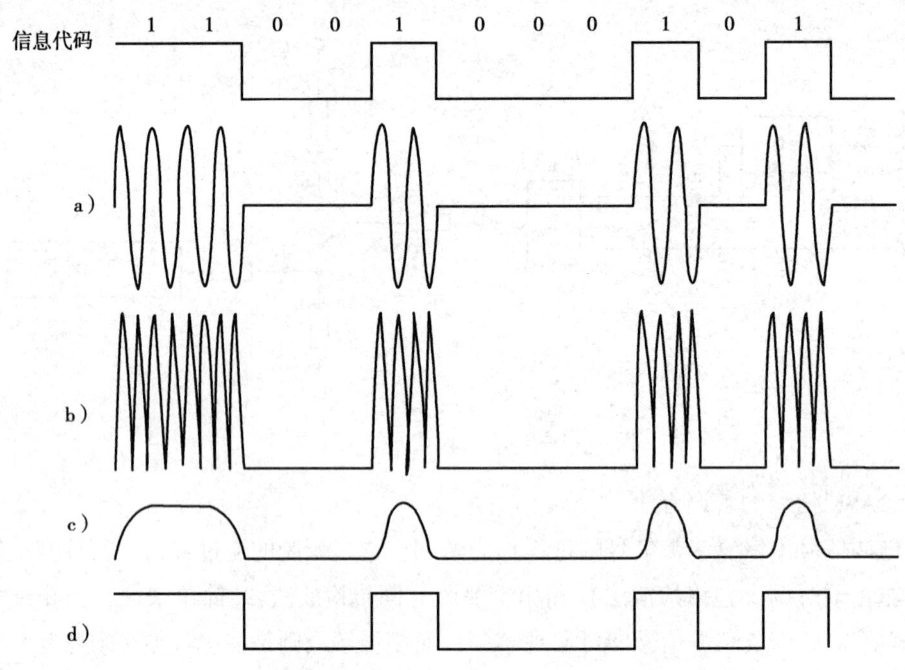

图 4—1—10 2ASK 信号的非相干解调（包络检波）框图中各点波形

a）通过带通滤波器后的波形 b）全波整流后的波形 c）包络检波器检出的包络 d）取样判决后恢复的波形

对于 2ASK 信号，通常使用包络检波法。包络检波法具有设备简单、稳定性好、可靠性高、价格便宜等优点。

（2）2ASK 信号的相干解调

相干解调就是同步解调，如图 4—1—11 所示，它要求接收机产生一个与发送载波同频、同相的本地载波信号（称其为同步载波或相干载波）。相干解调是一种常见的解调方法，它是在接收端利用相干载波与接收信号进行相乘，得到包含基带信号频率分量的输出信号，然后通过低通滤波器滤除无用频率分量，让基带信号通过，并将其送至取样电路进行判决。

采用相干解调接收端必须提供一个与 2ASK 信号载波保持同频、同相的相干载波信号，可以通过窄带滤波器或锁相环来提取同步载波。显然，提取本地同步载波会导致设备复杂、实现困难。

图 4—1—12 所示为图 4—1—11 中相干解调对应的各点波形。

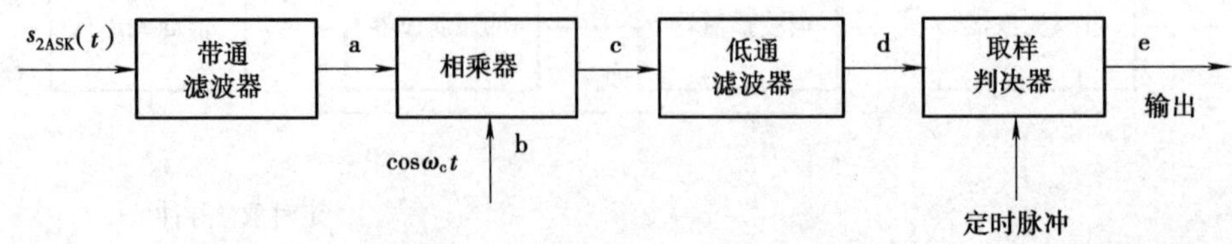

图 4—1—11 2ASK 信号的相干解调（同步解调）

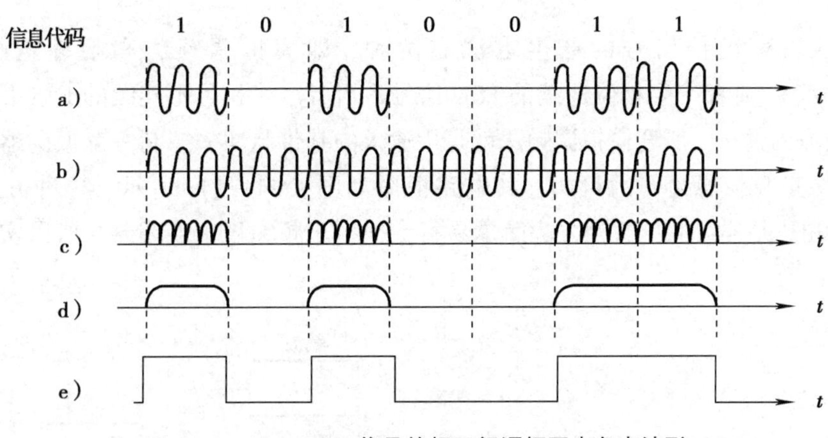

图 4—1—12　2ASK 信号的相干解调框图中各点波形

三、二进制频移键控（2FSK）

用数字基带信号对载波频率进行调制的方式称为频移键控，频移键控（也称为频率调制）记作 FSK，二进制数字频移键控通常记作 2FSK。

1. 基本原理及其产生方法

（1）基本原理

2FSK 的原理是用载波的频率变化传送数字信号，即用所传送的数字信号控制载波的频率变化，而载波的幅度则保持不变。图 4—1—13 所示为 2FSK 信号波形示意图。从图中可以看出，信码为“1”时，基带信号为高电平，对应的2FSK 信号是一个频率为f_1的载波；信码为“0”时，基带信号为低电平，2FSK 信号则是一个频率为f_2的载波，也就是说，“1”码对应载频f_1，“0”码对应载频f_2，而且f_1和f_2之间的改变是瞬间完成的，f_1和f_2的大小由收发双方通信协议确定。

在图 4—1—13 中，码元宽度为T_S。显然，基带信号起到开关控制作用，当基带信号为“1”码时，输出频率为f_1的载频；当基带信号为“0”码时，输出频率为f_2的载频。

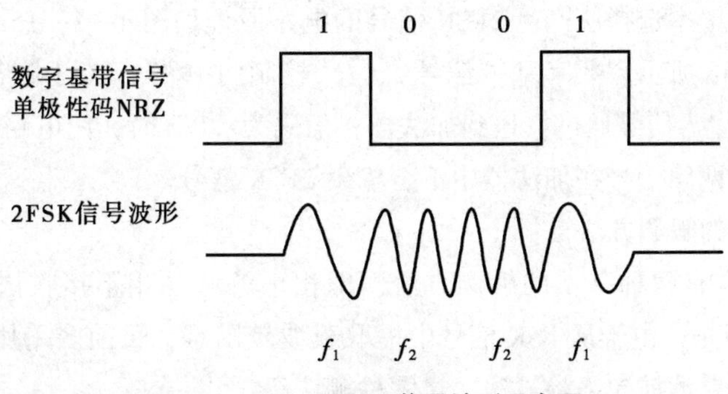

图 4—1—13　2FSK 信号波形示意图

(2) 产生方法

二进制频移键控信号的产生方法有两种，即模拟调频法和频率选择法（见图4—1—14）。前者产生相位连续的FSK信号，后者产生相位不连续的FSK信号。

1）模拟调频法。所谓模拟调频法就是用输入的基带脉冲去控制一个振荡器的某种参数而达到改变振荡器频率的目的，其电路框图如图4—1—14a所示。这种方法产生的2FSK信号相位是连续的，这种方法简单易行，但由于频率稳定度较差，所以实际应用范围不广。

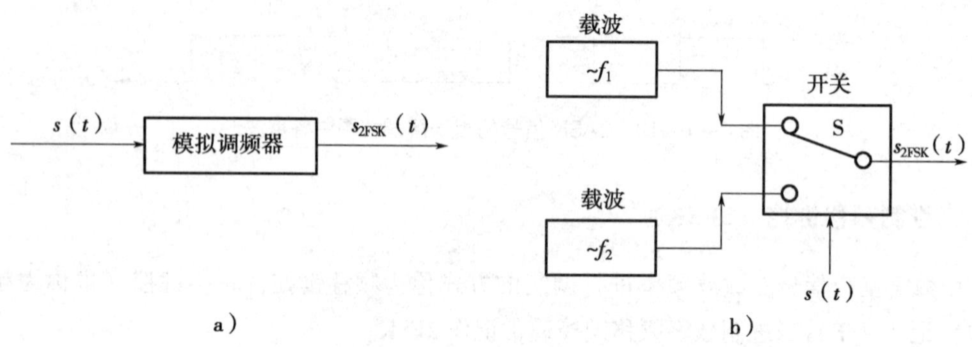

图4—1—14 2FSK波形的产生方法

a）模拟调频法 b）频率选择法

2）频率选择法。2FSK信号的另一种产生方法是频率选择法，即利用受矩形脉冲序列控制的开关电路对两个不同的独立频率源进行选通，如图4—1—14b所示。$s(t)$ 为数字基带信号，起到数字键控的作用。当 $s(t)=1$ 时，开关电路选择载波 f_1；当 $s(t)=0$ 时，开关电路选择载波 f_2。该方法可用数字电路实现，转换速度快、波形好、频率稳定度高、电路不复杂，故得到广泛的应用，例如广播、语音通信领域等，类似于调频广播FM。但由于 f_1 和 f_2 是两个独立的振荡频率，因而使所输出的信号失去了相位的连续性，即相位不连续，可能对邻道造成干扰。

2FSK信号可以看成是两个2ASK信号的组合。在2FSK中 f_1 和 f_2 哪一频率高由收发双方通信协议确定，频率选择法产生2FSK信号的电路原理如图4—1—15a所示，图中各点波形如图4—1—15b所示。数字基带信号 $s(t)$ 控制门电路1和门电路2，信码为“1”时，门电路1打开，f_1 信号通过，送到加法器；信码为“0”时，门电路2打开，f_2 信号通过，送到加法器；两路信号在加法器中汇合输出2FSK信号。

2. 2FSK信号的解调方法

2FSK信号同样有两种基本的解调方法，即相干解调（相干接收法）和非相干解调（包络检波法）。但是，由于从FSK信号中提取载波较困难，目前多采用非相干解调的方法，如鉴频法、分路滤波包络检波法、过零检测法等。

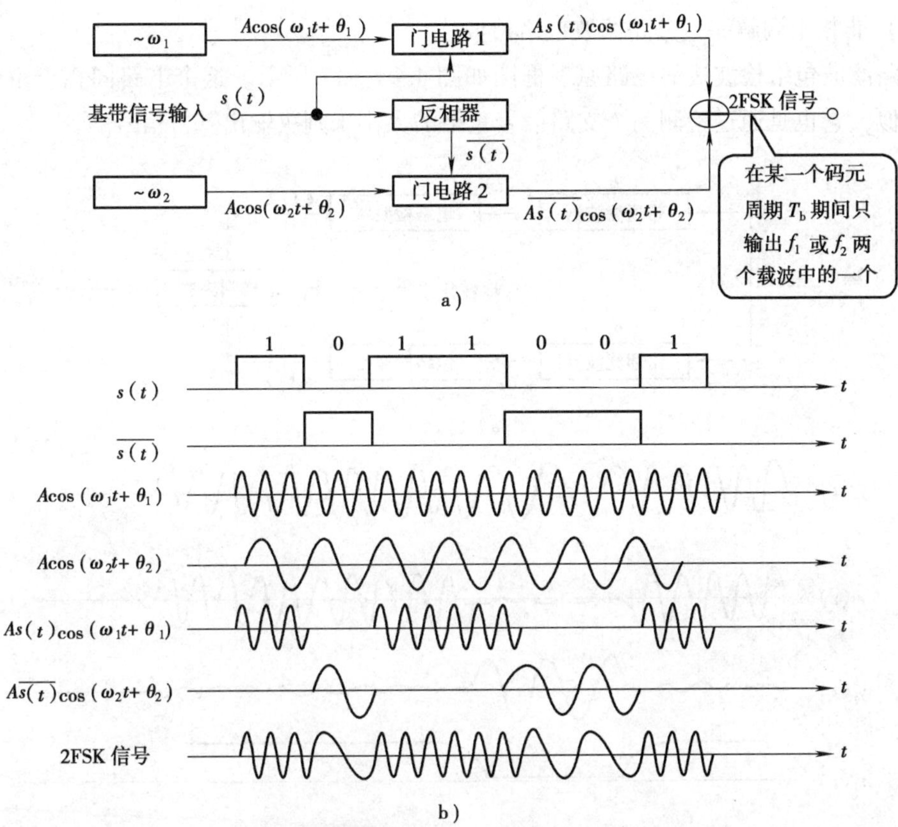

图 4—1—15　频率选择法产生 2FSK 信号的电路原理图及各点波形

a）电路原理　b）各点波形

（1）相干解调

相干解调法的电路原理框图如图 4—1—16 所示。图中接收信号通过并联的两路带通滤波器滤波，与接收机电路产生的本地相干载波相乘并经过包络检波后，在本地的定时取样脉冲的控制下进行取样判决。判决的准则是比较两路信号包络的大小。在判决过程中需要的本地相干载波也必须从接收信号中提取出来，并且要保持和发送端载波信号同频、同相，所以按照这种方式设计出来的接收机都比较复杂。

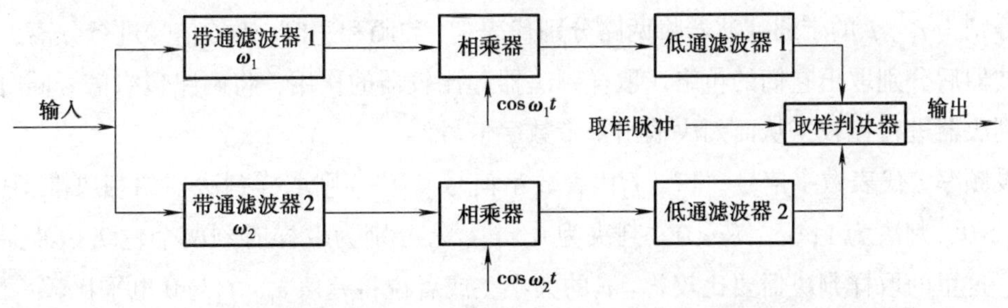

图 4—1—16　2FSK 相干解调电路原理框图

（2）非相干调解——分路滤波包络检波法

分路滤波包络检波法的电路原理框图如图 4—1—17 所示。这个电路同相干解调的电路很相似，它也是通过检测两个支路信号包络的大小来判决输出基带信号的。

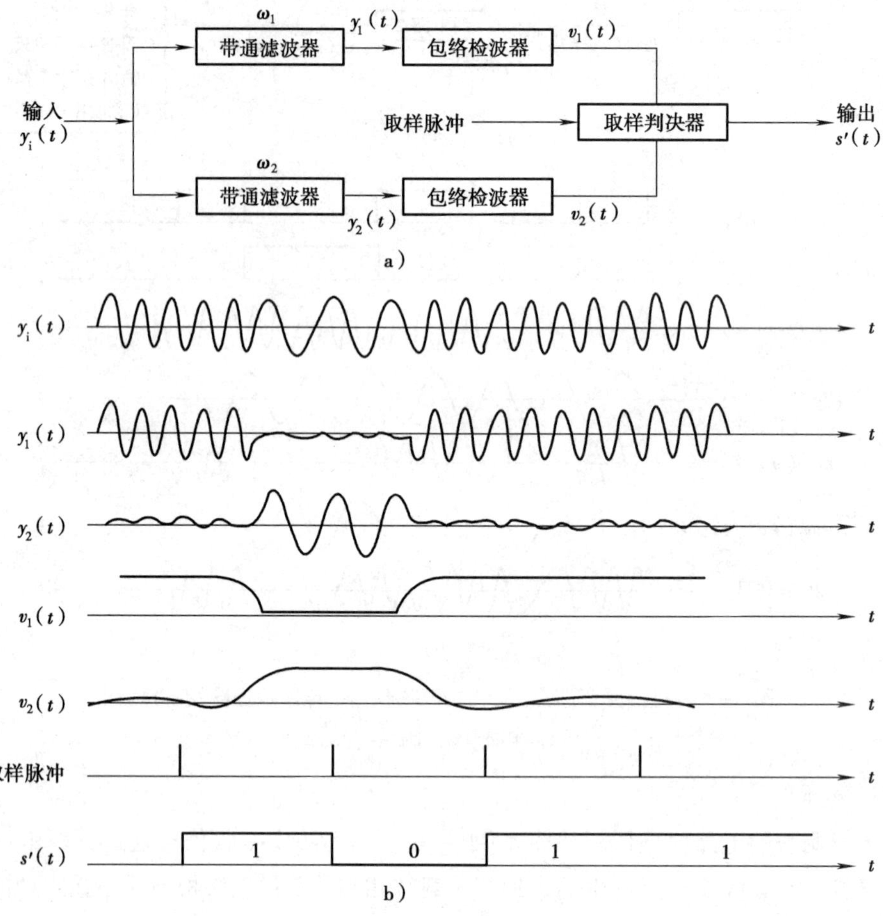

图 4—1—17　2FSK 信号分路滤波包络检波法电路原理框图及各点波形

a）电路原理　b）各点波形

当频移宽度较大时，可将 2FSK 信号看成两路幅移键控信号的叠加，此时，利用中心频率分别为 f_1、f_2 的带通滤波器将两路分别代表“1”码和“0”码的信号进行分离，经包络检波器后分别取出它们的包络。取样判决器起比较器的作用，将两路包络信号同时送到取样判决器进行比较，从而判决输出基带数字信号。

设频率 f_1 代表数字信号“1”，f_2 代表数字信号“0”，则取样判决器的判决准则应为：$v_1 - v_2 > 0$，判决为 1；$v_1 - v_2 < 0$，判决为 0。v_1、v_2 分别为取样时刻两个包络检波器的输出值。这里的取样判决器要比较 v_1、v_2 的大小，或者说将差值 $v_1 - v_2$ 与 0 电平比较。因此，这种比较判决器的判决门限为 0 电平。

分路滤波包络检波法的缺点是频带利用率低，但比较容易实现，主要用于解调相位不连续的2FSK信号。

（3）非相干解调——过零检测法

图4—1—18所示为过零检测法的电路原理框图。

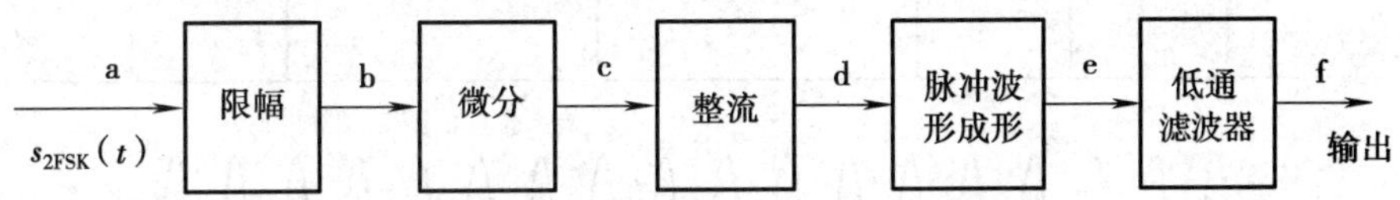

图4—1—18　过零检测法的电路原理框图

过零检测法是一种常用且简便的解调方法。2FSK信号的过零点数随载频的变化而不同，因此，检测出过零点数就可以得到载频的差异，从而进一步得到调制信号的信息。2FSK信号经限幅、微分、整流后形成与频率变化相对应的脉冲序列，由此再形成相同宽度的矩形波。此矩形波的低频分量与数字信号相对应，由低通滤波器滤出低频分量，然后经取样判决，即可得到原始的数字调制信号。过零检测法电路原理框图中各点波形如图4—1—19所示。

过零检测法广泛应用于数字调频系统中，可用于解调相位连续或相位不连续的2FSK信号。

由于2FSK信号可以采用非相干接收方式，接收时不必利用信号的相位信息，所以在条件恶劣的无线信道中就特别适用。

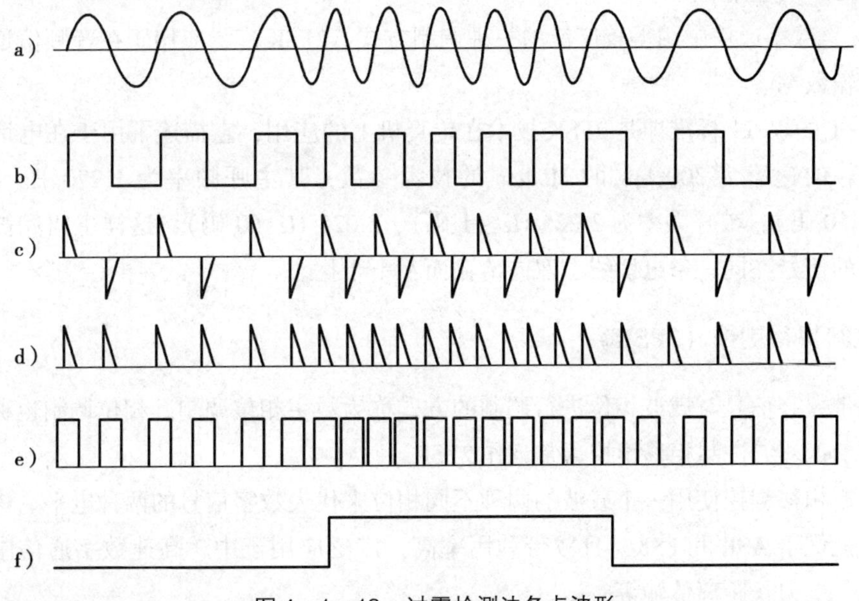

图4—1—19　过零检测法各点波形

【例 4—1—1】 已知数字基带信号 $s(t)$ 为 1011001，试画出其 2FSK 波形。

解：信码 $s(t)$ 为 1011001 的 2FSK 波形如图 4—1—20 所示，其中 f_1 和 f_2 是两个频率不同的载波信号。

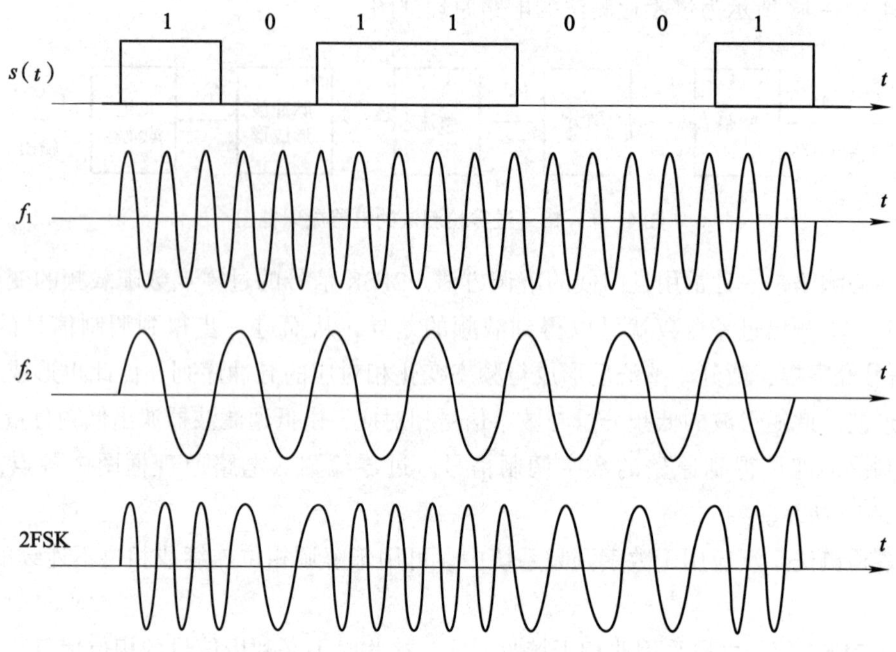

图 4—1—20 信码 1011001 的 2FSK 波形

3. 2FSK 的应用

2FSK 是数字通信中用得较广泛的一种调制方式。2FSK 广泛应用于在音频信道或衰落信道中传输数据。

ITU—T 的 V. 21 标准即是 2FSK 技术在传真机上的应用，它描述了用于在电话网中进行数据传输的速率为 300 bps 的 Modem 的技术参数，其主呼频率为 1 270 Hz（1 码）、1 070 Hz（0 码），被呼频率为 2 225 Hz（1 码）、2 025 Hz（0 码），这样主叫和被叫各有一对频率的信号在同一条电话线上双向传输而互不干扰。

四、二进制相移键控（2PSK）

用基带数字信号对载波相位进行调制的方式称为数字相位调制。相位调制也称相移键控，记作 PSK。二进制相移键控通常记作 2PSK。

二进制相移键控使用一个载波的两种不同相位来代表数字信号的两种电平。PSK 系统抗噪声性能优于 ASK 和 FSK，且频带利用率高，广泛应用于中、高速数字通信中，如海底光传输、电力长距离传输等。

二进制相移键控根据相位变化参考对象不同，分为绝对相移键控（一般用 PSK 表示）

和相对相移键控（一般用 DPSK 表示）两种工作方式。相对相移键控又称差分相移键控，其优点突出，所以相移键控调制方式一般均采用 DPSK。

1. 基本原理及其产生方法

（1）绝对相移键控（PSK）

绝对相移键控就是利用同一载波的不同相位去直接传送数字信号，而载波振幅和频率保持不变的一种方法。如 0 相位代表“0”码，π 相位代表“1”码，也可以作相反的规定。

例如，若规定基准相位为未调载波初相，则已调载波与未调载波同相可以表示数字基带信号“0”，已调载波与未调载波反相可以表示数字基带信号“1”。2PSK 波形示意图如图 4—1—21 所示，图中所有数字信号“1”码对应载波信号的 π 相位，而“0”码对应载波信号的 0 相位（反之亦可）。

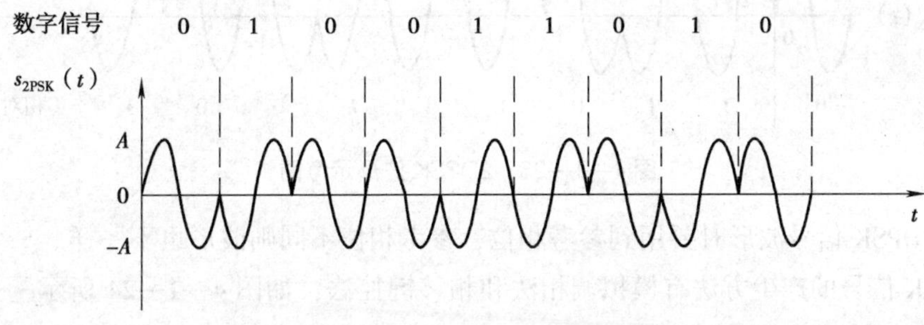

图 4—1—21 2PSK 波形示意图

这种方式下发送端是以某一个相位作基准的，因而在接收系统中也必须有这样一个固定基准相位做参考。如果这个参考相位发生变化，则恢复的数字信息就会发生变化，造成错误。

二进制相移键控信号的产生方法主要有两种：模拟调相法和相移键控法（见图 4—1—22）。

2PSK 模拟调相法的框图如图 4—1—22a 所示，2PSK 相移键控法的框图如图 4—1—22b 所示。

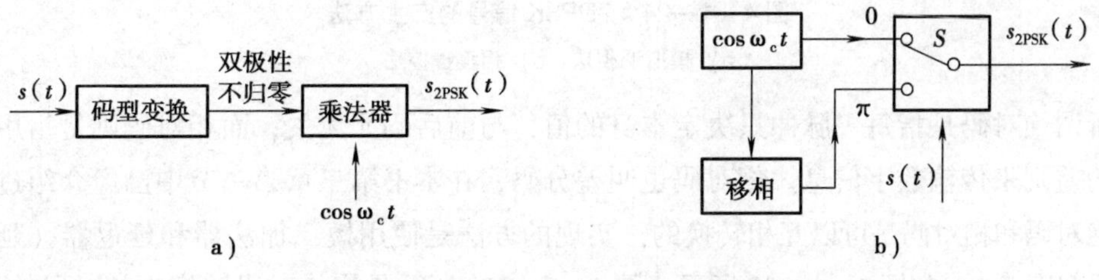

图 4—1—22 2PSK 信号的产生方法

a）模拟调相法 b）相移键控法

(2) 相对相移键控 (DPSK)

相对相移键控也称差分相移键控，它用载波相位的相对变化来传送数字信号，即数字1和0信号的相位不是以某个固定的相位（如载波的相位）为基准，而是以相邻的前一码元的相位为基准。

例如，以某码元相移信号相位与相邻前一码元相移信号同相表示数字信号“0”码，与相邻前一码元相移信号反相表示数字信号“1”码，也可作相反的规定。2DPSK 波形示意图如图 4—1—23 所示，图中所有数字信号“1”码对应载波信号的相位与前一个载波信号的相位反相（变化 π），而“0”码对应载波信号的相位与前一个载波信号的相位同相（反之亦可）。

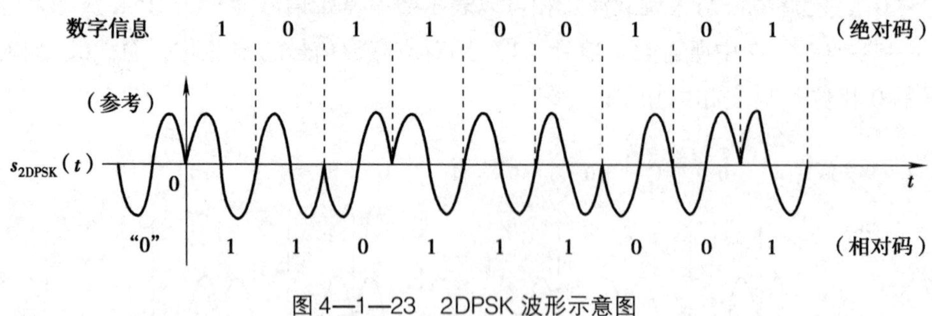

图 4—1—23　2DPSK 波形示意图

在画 DPSK 信号波形时要用到参考相位，参考相位不同则波形也不一样。

2DPSK 信号的产生方法有模拟调相法和相移键控法，如图 4—1—24 所示，一般采用相移键控法，即先将绝对码转换为相对码，然后使用该相对码进行绝对调相。

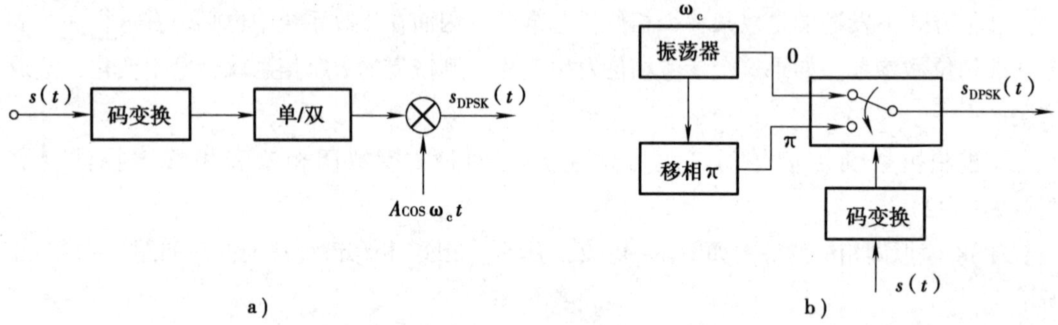

图 4—1—24　2DPSK 信号的产生方法

a) 模拟调相法　b) 相移键控法

所谓绝对码是指每一脉冲只决定本身的值，与前后码元无关；而相对码则是指用前后脉冲的差别来传输数字信息。相对码也叫差分码，在本书第三章第一节中已经介绍过。

绝对码和相对码是可以互相转换的，实现的方法是使用模二加法器和延迟器（延迟一个码元宽度 T_b），如图 4—1—25 所示。图 4—1—25a 所示是将绝对码转换为相对码的方法，完成的功能是 $b_n = a_n \oplus b_{n-1}$（$n-1$ 表示 n 的前一个码，$\oplus$表示模 = 和）。图 4—1—25b 所示是将相对码转换为绝对码的方法，完成的功能是 $a_n = b_n \oplus b_{n-1}$。图 4—1—26 所示为信码为 00111001 的 2PSK 和 2DPS 波形。

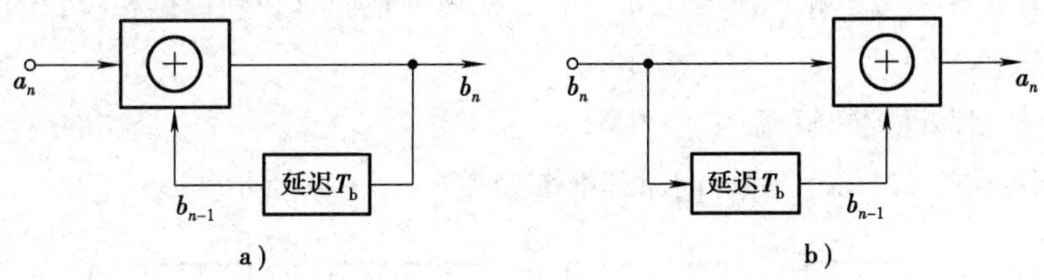

图 4—1—25　绝对码与相对码的互相转换电路

a）绝对码转换为相对码　b）相对码转换为绝对码

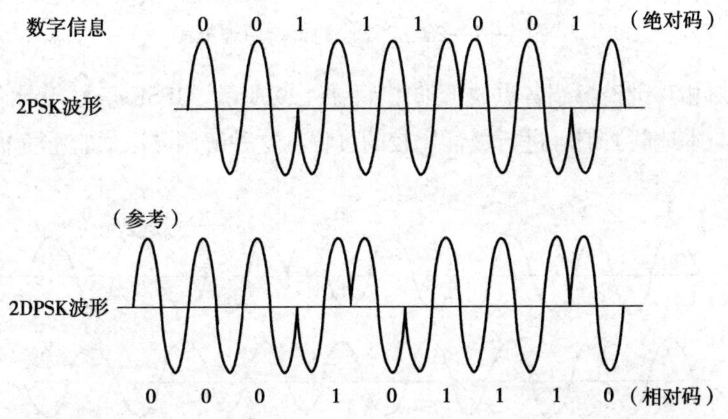

图 4—1—26　信码为 00111001 的 2PSK 和 2DPSK 波形

2. 相移键控矢量图

为了便于理解相移键控，一般将每个码元用图 4—1—27 所示的矢量图表示。虚线矢量位置称为基准相位，在绝对相移键控中，它是未调载波的初相，在相对相移键控中，它是相邻前一码元载波的相位。根据 ITU－T 建议，图 4—1—27a 称为 A 方式，图 4—1—27b 称为 B 方式。在 A 方式中，每个码元的载波相位相对基准相位可取 0 或 π；在 B 方式中，每个码元的载波相位相对基准相位可取 $\pm\dfrac{\pi}{2}$。

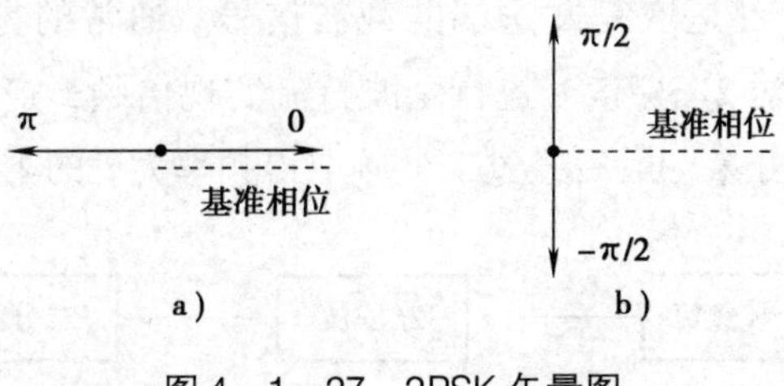

图 4—1—27　2PSK 矢量图

a）A 方式　b）B 方式

在 2DPSK 中，广泛使用 B 方式，因为 B 方式的调制实际上携带了码元定时信息。

3．相移键控的解调

对于相移键控信号，相位本身携带信息，在识别它们时必须依据相位，因此，必须使用相干解调法。

（1）绝对相移键控的解调

绝对相移键控（2PSK）的解调原理框图如图 4—1—28 所示。

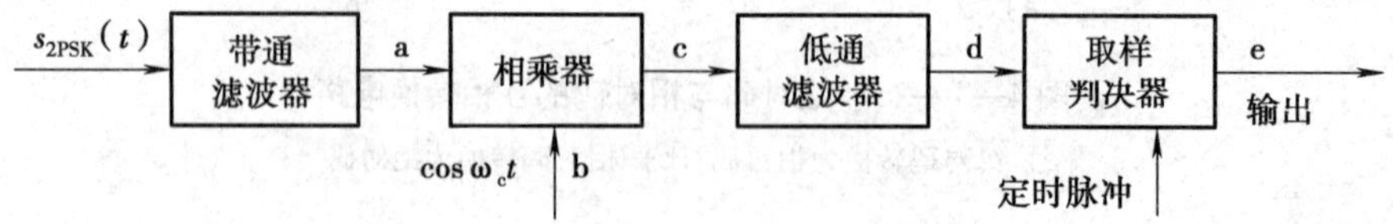

图 4—1—28　2PSK 的解调原理框图

二进制绝对相移键控解调各点波形如图 4—1—29 所示。2PSK 信号相干解调的过程实际上是输入信号与本地载波信号进行极性比较的过程，这种解调方法通常称为极性比较法。

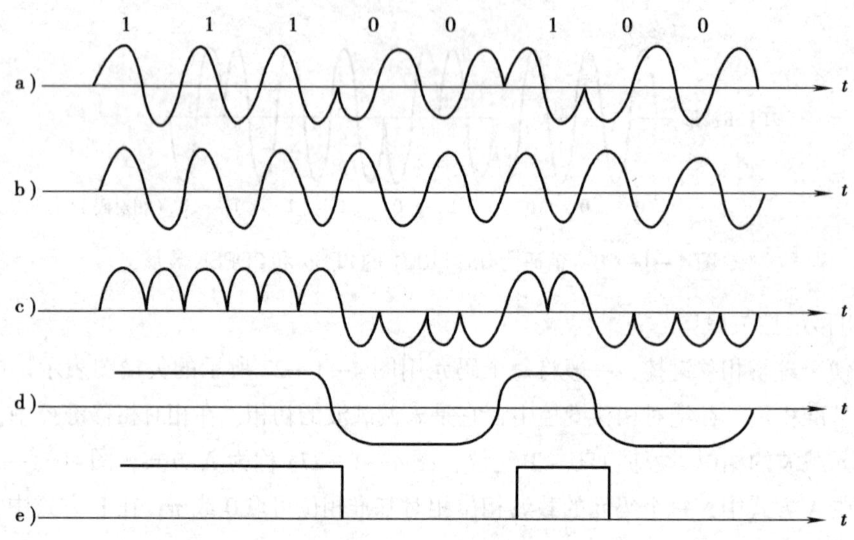

图 4—1—29　2PSK 解调各点波形

在 2PSK 解调中，关键是恢复发送端的载波信号。通常的方法是倍频—分频法，如图 4—1—30 所示。首先对 2PSK 信号进行全波整流实现倍频，产生频率为 $2f_c$ 的谐波，然后通过滤波器输出 $2f_c$ 的分量，最后经过二分频取得频率为 f_c 的本地相干载波。

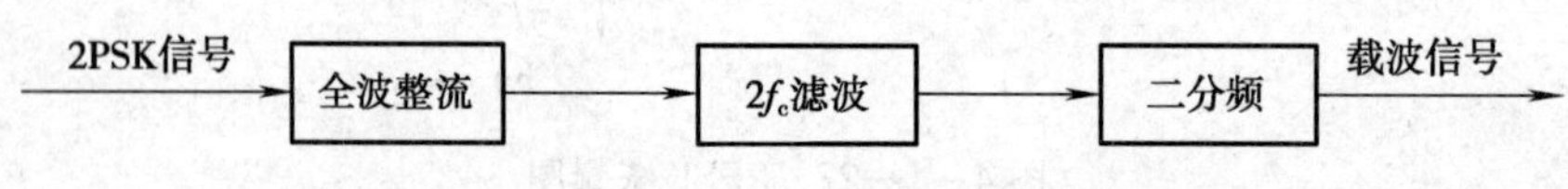

图 4—1—30　倍频—分频法提取相干载波法框图

由于2PSK信号是以一个固定初相位的未调载波为参考的，因此，解调时必须有与此同频、同相的本地同步载波。从前面的分析可以看出，频率为f_c的本地相干载波的相位由于干扰、同步误差等原因，存在相位模糊问题，即其相位是不确定的。如果这个参考相位发生变化（0→π或π→0），则恢复的数字信号也会发生错误（“1”→“0”或“0”→“1”）。这种现象通常称为2PSK方式的“倒π现象”或“反相工作现象”。因为存在这种现象，在实际中一般不采用2PSK方式，而采用相对调相的2DPSK方式。

（2）相对相移键控的解调

相对相移键控（2DPSK）信号的解调有两种方式，一种是极性比较法解调，另一种是相位比较法解调。

1）极性比较法解调实际上是产生相对相移键控的反过程，即先按绝对相移键控接收，将2DPSK信号解调为相对码基带信号，然后经过码型变换器将相对码变换为绝对码。极性比较法解调原理框图及各点波形如图4—1—31所示。

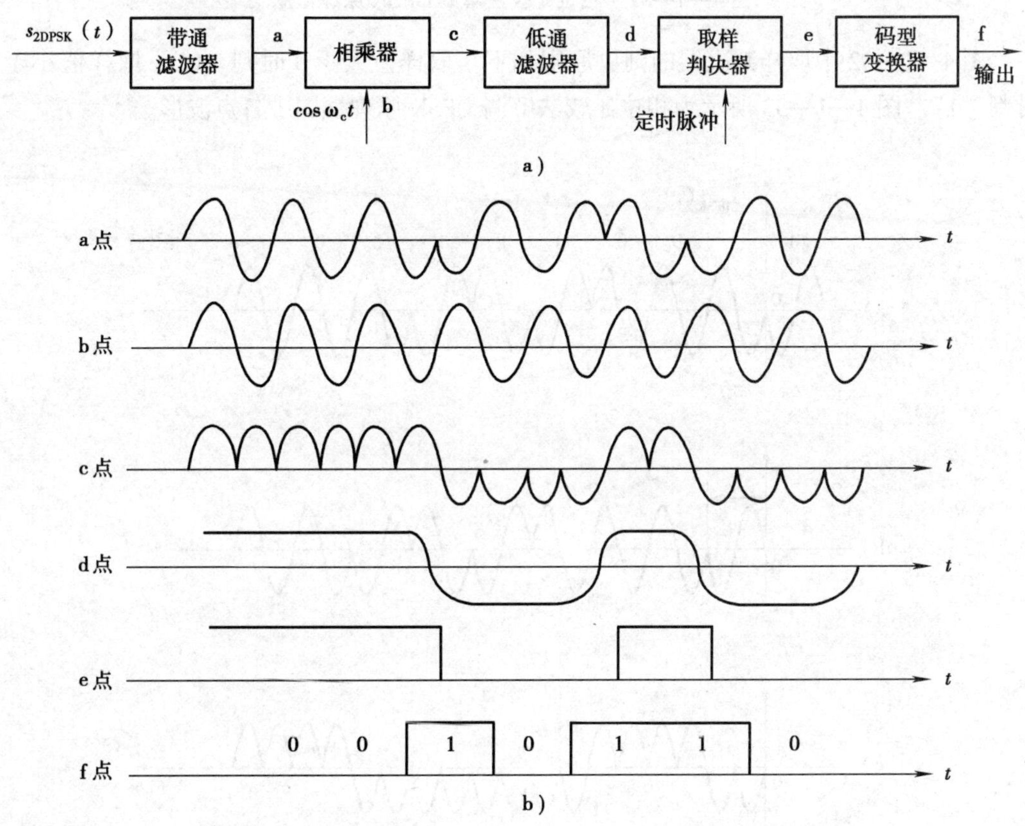

图4—1—31　极性比较法解调原理框图及各点波形

a）原理框图　b）各点波形

在解调过程中，若相干载波产生180°相位模糊，解调出的相对码将产生倒置现象，但是经过码型变换器后，输出的绝对码不会发生任何倒置现象，从而解决了载波相位模糊的问题。

2）相位比较法解调直接使用相位比较器比较前、后码元载波的相位差而实现解调，故又称为差分相干解调，如图4—1—32所示。此方法不需要恢复本地载波，只需将DPSK信号延迟一个码元间隔T_S，然后与DPSK信号本身相乘。相乘结果反映了码元的相对相位关系，经过低通滤波器后可直接进行取样判决恢复出原始数字信息，而不需要差分译码。

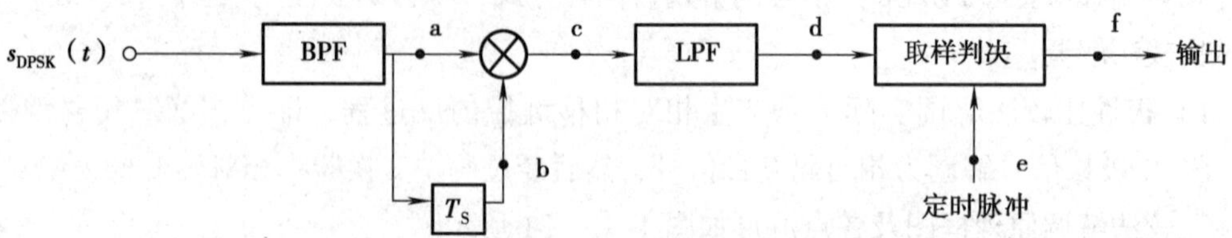

图4—1—32　相位比较法解调DPSK原理框图

图4—1—32中取样判决器的判决原则如下：取样值大于0时判“0”，取样值小于0时判“1”。图4—1—33所示为相位比较法解调DPSK原理框图中各点波形。

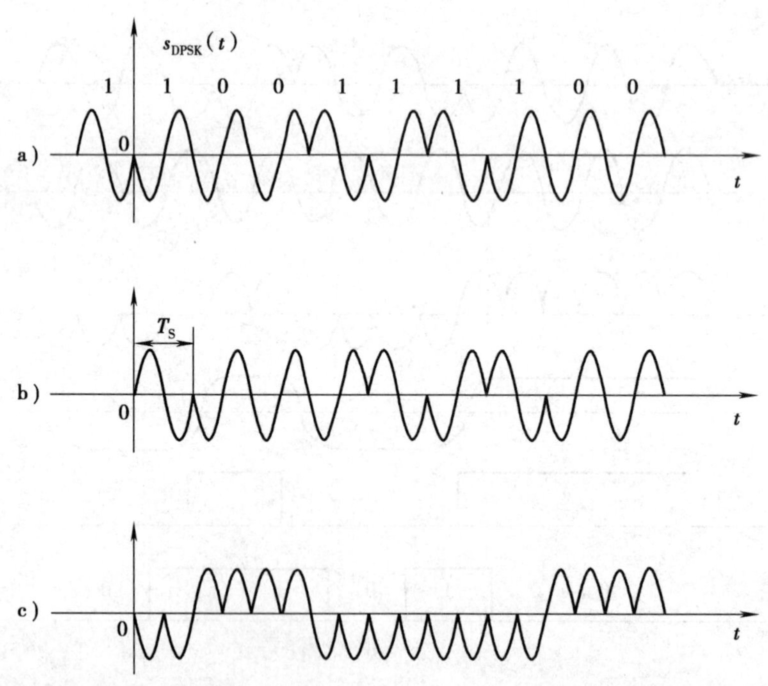

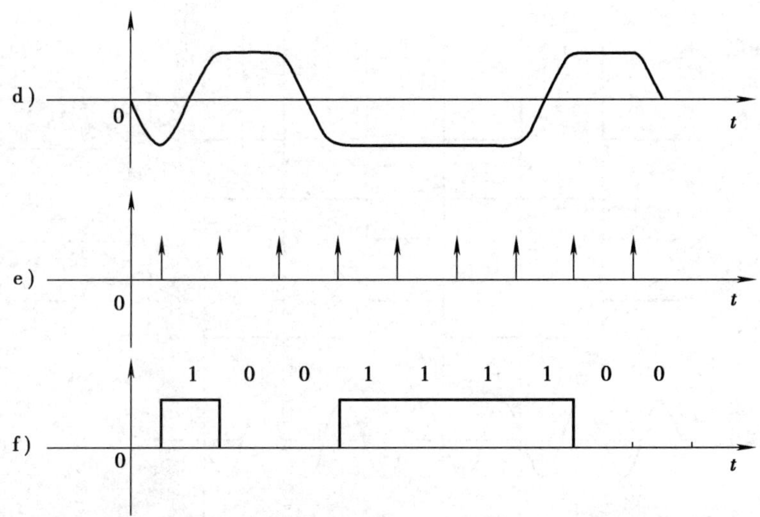

图 4—1—33　相位比较法解调 DPSK 原理框图中各点波形

极性比较法解调与相位比较法解调这两种解调方案，都能进行 DPSK 解调，都不存在相位倒置问题。相位比较法解调电路中不需要本地参考载波和差分译码，设备简单、实用，但要注意的是其调制端的载波频率应设置成码元速率的整数倍，并且需要精确的延时电路，延时电路的输出起参考载波的作用，乘法器起相位比较（鉴相）的作用。总体来说，相位比较法是一种经济可靠的解调方案，并得到了广泛的应用。

【例 4—1—2】　画出信码为 001101001 的 2PSK 信号波形。

解：信码为 001101001 的 2PSK 信号的波形如图 4—1—34 所示。

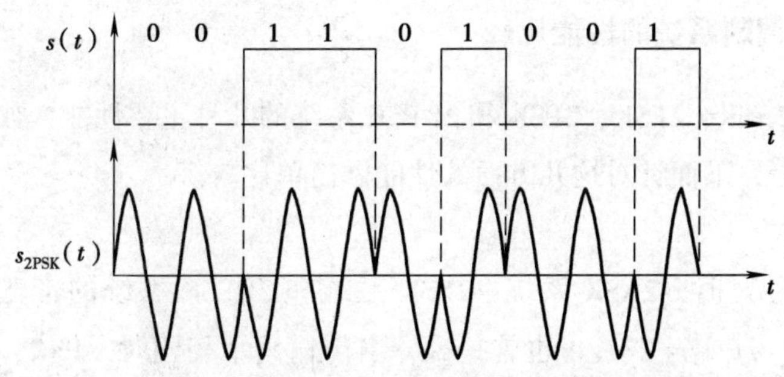

图 4—1—34　信码为 001101001 的 2PSK 信号波形

【例 4—1—3】　设信码为 10110，试画出其绝对码、相对码、2PSK、2DPSK 信号的波形。

解：在画相对码时，由于参考相位可能是高电平也可能是低电平，所以相对码有两种波形，与此对应，2DPSK 也有两种波形，如图 4—1—35 所示。

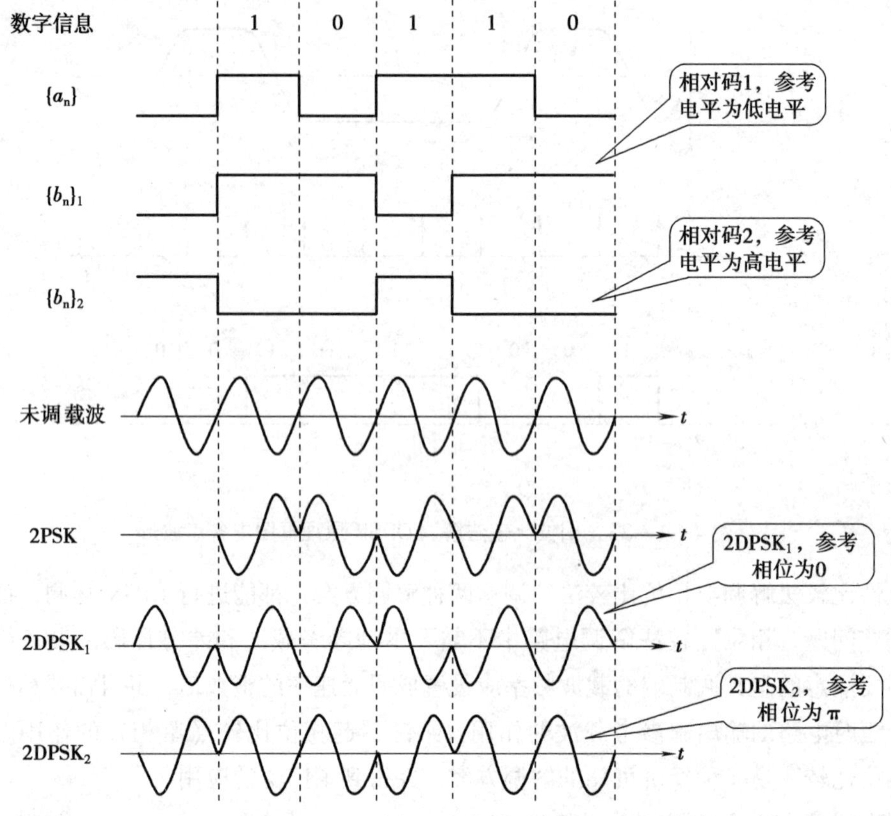

图 4—1—35　信码为 10110 的 2PSK 和 2DPSK 信号波形

五、二进制数字调制系统的性能比较

前面讨论了 2ASK、2FSK、2PSK 和 2DPSK 系统的几种主要性能，如系统的频带宽度、调制与解调方法等，下面针对这几方面的性能做简单比较。

1. 频带宽度

当码元宽度为 T_S 时，2ASK 系统、2PSK 系统和 2DPSK 系统的带宽均为 $2/T_S$，2FSK 系统的带宽为 $|f_2-f_1|+2/T_S$。也就是说，当传输码率相同时，PSK、DPSK、ASK 系统具有相同的带宽，而 FSK 系统的频带利用率最低。因此，从频带宽度或频带利用率上看，2FSK 系统最不可取。

2. 设备的复杂性

对于二进制幅移键控、频移键控、相移键控三种调制方式来说，发送端设备的复杂性相差不多。而接收端的复杂程度则与所选用的调制和解调方式有关。对于同一种调制方式，采用相干解调的设备要比非相干解调时复杂，而同为非相干解调时，2DPSK 的设备最复杂，2FSK 次之，2ASK 最简单。不言而喻，设备越复杂，其造价就越高，所以除在高质量传输系统中采用相干解调外，一般应尽量采用非相干解调方法。

在选择调制和解调方式时，要考虑的因素是比较多的。通常，只有对系统的要求做全面的考虑，并且抓住其中最主要的要求，才能做出比较恰当的选择。如果抗噪声性能是主要要求，则应考虑相干 2PSK 和 2DPSK，而 2ASK 最不可取；如果带宽是主要要求，则应考虑相干 2PSK、2DPSK 和 2ASK，而 2FSK 最不可取；如果设备的复杂性是一个必须考虑的重要因素，则非相干方式比相干方式更为适宜。

综上所述，在选择调制、解调方式时，就系统的抗噪声性能而言，2PSK 系统最好，但会出现倒相问题，所以 2DPSK 系统更实用。如果对数据传输率要求不高（1 200 bps 或以下），特别是在衰落信道中传送数据，则 2FSK 系统可作为首选。

思考与练习

1. 填空题

（1）将要发送的信号加载到高频信道的过程称为________。

（2）2ASK、2FSK、2PSK 和 2DPSK 四种信号中，________________是非等幅信号，__________的信号带宽最宽。

2. 已知数字基带信号为 01101001，如果码元宽度是载波周期的两倍，试画出其绝对码、相对码、二进制 PSK 信号和 DPSK 信号的波形（假定起始参考码元为 0）。

3. 设数字信息码流为 10110111001，画出以下情况的 2ASK、2FSK 和 2PSK 波形。

（1）码元宽度与载波周期相同。

（2）码元宽度是载波周期的两倍。

§4—2　多进制数字调制

学习目标

1. 掌握多进制幅移键控（MASK）的概念。
2. 掌握多进制频移键控（MFSK）的概念。
3. 掌握多进制相移键控（MPSK）的概念。
4. 了解其他数字调制技术。

随着数字通信的发展，人们对频带利用率的要求不断提高，多进制数字调制作为一种解决方案获得了广泛应用。

多进制数字调制是在二进制数字调制原理的基础上，利用多进制数字基带信号作为调制信号，控制载波的参数变化，实现消息传递的目的。

在相同传码率条件下，多进制数字调制系统的传信率、频带利用率均高于二进制数字调制系统。在传信率相同的条件下，多进制数字调制可以降低传码率，码元宽度增大，有利于提高传输的可靠性。

一、多进制幅移键控（MASK）

多进制幅移键控（MASK）又称多电平调幅，使用多进制数字基带信号调制发送载波的幅度参数，产生多电平调幅信号。MASK 是一种高效率的传输方式，它在单位频带内的信息传输速率较高。但由于它的抗噪声能力较差，尤其是抗衰落的能力不强，因而一般只适宜在恒参信道下采用，比如常见的明线、对称电缆和同轴电缆等有线信道。

在 M 进制幅移键控信号中，载波幅度有 M 种。当 $M=4$ 时，MASK 信号的波形如图 4—2—1 所示。由图可知，一个 MASK 信号是 4 个二进制 ASK 信号的叠加。

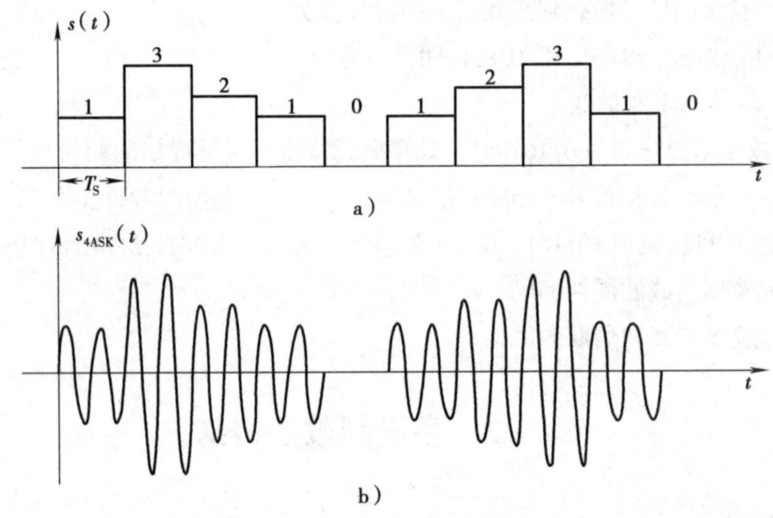

图 4—2—1　4ASK 波形示意图

a）多进制基带信号　b）4ASK 的已调波形

MASK 信号的产生方法与 2ASK 信号的产生方法相同，可以用乘法器实现，解调方法同样可以采用相干解调法或非相干解调法。

二、多进制频移键控（MFSK）

多进制频移键控（MFSK）简称多频调制，它用 M 个不同频率的载波代表 M 种数字信号，是 2FSK 的直接推广。MFSK 是无线通信中广泛采用的一种调制方式，它的主要缺点是信号频带宽、频带利用率低。因此，MFSK 多用于调制速率较低及多径延时比较严重的信道，如无线短波信道。

MFSK 信号的产生方法与 2FSK 相同，一般采用频率选择法实现，MFSK 信号通常采用非相干解调方式解调。

MFSK 系统可以看成是 M 个振幅相同，载波频率不同，时间上互不相容的 2ASK 信号的叠加，采用频率选择法产生的 MFSK 信号相位是不连续的，其带宽为

$$B_{MFSK}=f_H-f_L+2f_s=f_H-f_L+2R_B \tag{4—2—1}$$

式中，f_H——最高载波频率；

f_L——最低载波频率。

三、多进制相移键控（MPSK）

由于 MASK、MFSK 占据较宽的频带，信道利用率低、抗噪声性能低，因而一般不被采用。多进制相移键控（MPSK）是微波和卫星通信系统中最常用的数字调制方法，因此，本书重点介绍多进制相移键控（MPSK）。

多进制相移键控又称多相制，是二进制相移键控的推广。它是利用载波的多种不同的相位状态来表征数字信息的调制方法。多进制相移键控的基本规则是用多进制数字脉冲信号作为调制信号，控制同一频率载波的相位，产生多种不同相位的同频多相信号。

与二进制相移键控相同，多进制相移键控也有绝对相移键控（MPSK）和相对相移键控（MDPSK）两种。通常，相位数用 $M=2^k$ 计算，分别与不同组合的 k 位二进制码元相对应。

MPSK 信号还可以用矢量图来描述，在矢量图中通常以未调制载波相位作为参考矢量。图 4—2—2 中分别画出了 $M=2$、$M=4$、$M=8$ 三种情况下的矢量图。当基准相位为载波初相位时为 MPSK，当基准相位为前一码元载波相位时为 MDPSK。图中将基准相位用虚线表示，在相对相移中，这个基准也就是前一个调制码元的相位。根据 ITU－T 建议，多进制相位状态有 A、B 两种方式。图 4—2—2a 称为 π/2（A 方式）相移系统；图 4—2—2b 称为 π/4（B 方式）相移系统。

二进制数字调制相位逻辑见表 4—2—1，四进制数字调制相位逻辑见表 4—2—2，八进制数字调制相位逻辑见表 4—2—3。实际系统中一般采用循环码，因为循环码抗误码能力强于自然码。

多相信号的解调可以采用与二相信号类似的解调方法进行。

下面详细讨论 4PSK 和 4DPSK 调制。

1. 四相相移键控（4PSK、QPSK）

四相相移键控（4PSK）可以由一个正交调制而得到，因此又称它为正交相移键控（QPSK）。美国和日本的数字移动通信系统中采用 4PSK 的 B 方式，故又称为 π/4－QPSK，即用高频载波的 4 种相位变化来代表数字信号（见表 4—2—2），这种相位分别为 π/4、3π/4、－3π/4、－π/4。因为有 4 种相位状态，每种状态可以表示 2 位二进制码元，所以 4 相调制的相位与 2 位二进制信号相对应，因此它的传输速率更快。

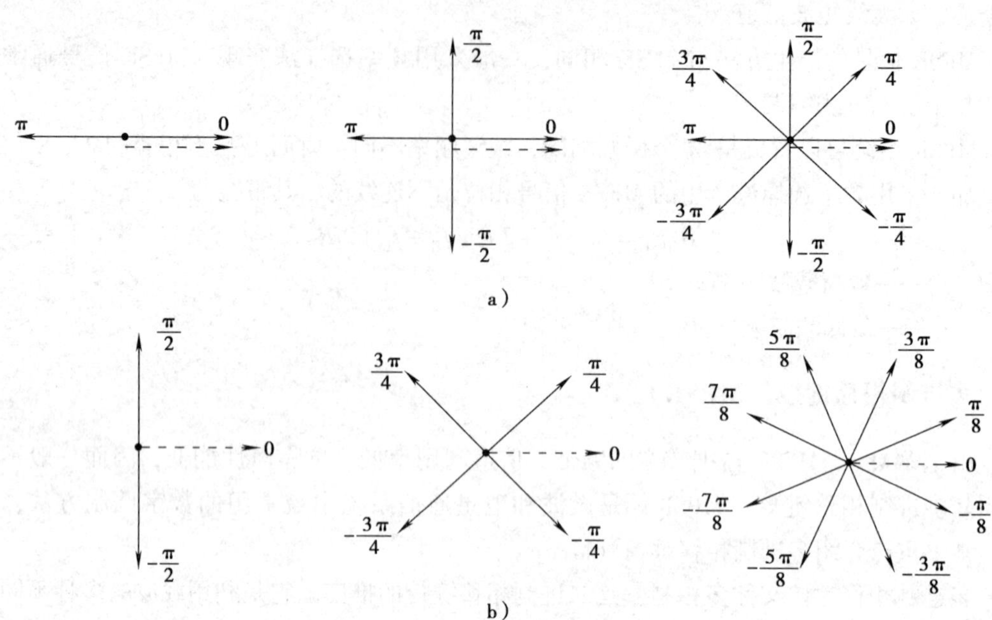

图 4—2—2 二相、四相、八相数字调制矢量图

a）A 方式相移系统 b）B 方式相移系统

表 4—2—1 二进制数字调制相位逻辑

A 方式相位	0	π
B 方式相位	$\frac{\pi}{2}$	$-\frac{\pi}{2}$
二进制码	0	1

表 4—2—2 四进制数字调制相位逻辑

A 方式相位	0	$\frac{\pi}{2}$	π	$\frac{3\pi}{2}$
B 方式相位	$\frac{\pi}{4}$	$\frac{3\pi}{4}$	$-\frac{3\pi}{4}$	$-\frac{\pi}{4}$
四进制码	0	1	2	3
自然二进制码	00	01	10	11
循环二进制码	00	01	11	10

表 4—2—3 八进制数字调制相位逻辑

A 方式相位	0	$\frac{\pi}{4}$	$\frac{\pi}{2}$	$\frac{3\pi}{4}$	π	$-\frac{3\pi}{4}$	$-\frac{\pi}{2}$	$-\frac{\pi}{4}$
B 方式相位	$\frac{\pi}{8}$	$\frac{3\pi}{8}$	$\frac{5\pi}{8}$	$\frac{7\pi}{8}$	$-\frac{7\pi}{8}$	$-\frac{5\pi}{8}$	$-\frac{3\pi}{8}$	$-\frac{\pi}{8}$
八进制码	0	1	2	3	4	5	6	7
自然二进制码	000	001	010	011	100	101	110	111
循环二进制码	000	001	011	010	110	111	101	100

4PSK 的产生可采用模拟调相法和相移键控法。图 4—2—3 所示为用模拟调相法产生 B 方式 4PSK 信号的原理框图。

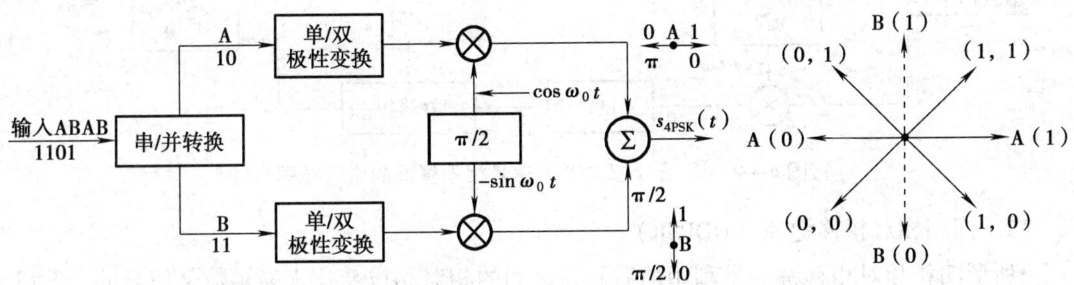

图 4—2—3　用模拟调相法产生 B 方式 4PSK 信号的原理框图

图 4—2—3 中输入的二进制串行码元经串/并变换器转换为并行的双比特码流，经极性变换后，将单极性码变为双极性码，然后与载波相乘，完成二进制相位调制，两路信号叠加后，即得到 B 方式 4PSK 信号。若需产生 A 方式 4PSK 信号，只需将载波相移 90°后再与调制信号相乘即可。

用相移键控法产生 4PSK 信号的原理框图如图 4—2—4 所示。图中，四相载波发生器分别输出调相所需的 4 种不同相位的载波，按照串/并变换器输出的双比特码元的不同，逻辑选相电路输出相应的载波。

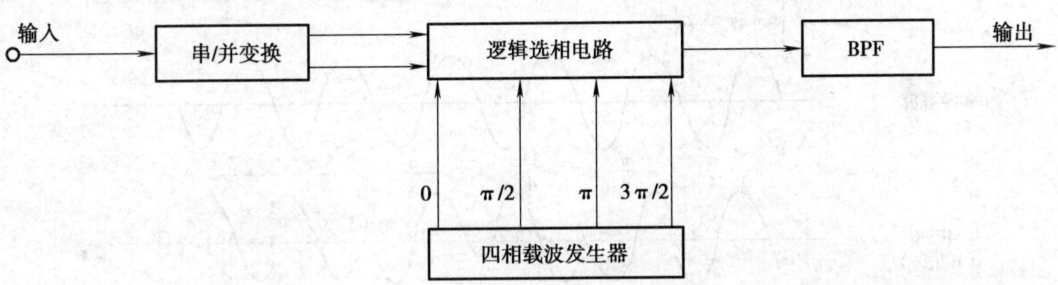

图 4—2—4　用相移键控法产生 4PSK 信号的原理框图

由于四相绝对相移信号可以看成两个正交 2PSK 信号的合成，对应图 4—2—5 中 B 方式的 4PSK 信号的解调，可以采用与 2PSK 信号类似的解调方法进行解调。用两个正交相干载波分别对两路 2PSK 进行相干解调，再经并/串变换器将解调后的并行数据恢复成串行数据。

需要注意的是，在 2PSK 信号的相干解调过程中会产生“倒 π 现象”，即“180°相位模糊现象”。同样，对于 4PSK 相干解调也会产生相位模糊现象，并且是 0°、90°、180°和 270°四个相位模糊。因此，在实际应用中更常用的是四相相对相移调制，即 4DPSK。

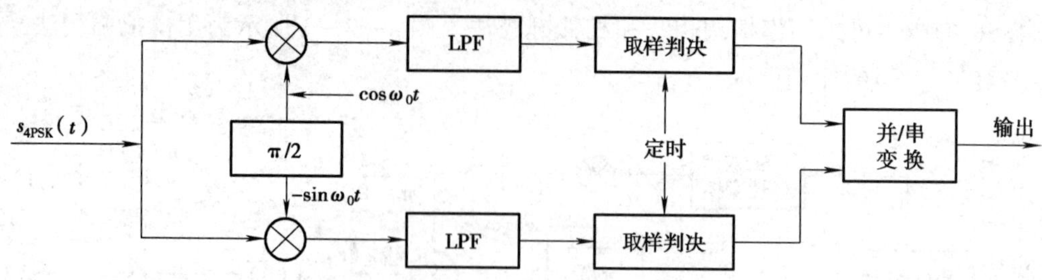

图 4—2—5　B 方式 4PSK 信号相干解调的原理框图

2. 四相相对相移键控（QDPSK）

所谓四相相对相移键控是利用前后码元之间的相对相位变化来表示数字信息的。若以前一码元相位为参考，并令 $\Delta\varphi_k$ 作为本码元与前一码元的初相差，信息编码与载波相位变化关系仍然可采用表 4—2—2 来表示，它们之间的矢量关系也可用图 4—2—2 表示。

【例 4—2—1】　设发送数字信息序列为 101100100100，双比特码元与载波的相位关系见表 4—2—2，已知双比特码组的宽度为 T_S，载波周期也为 T_S。画出 4PSK、4DPSK 信号 A、B 两种方式的波形。

解：根据 A 方式和 B 方式对载波相位的不同要求，可分别画出 4PSK 信号和 4DPSK 信号的两种可能波形，如图 4—2—6 所示。

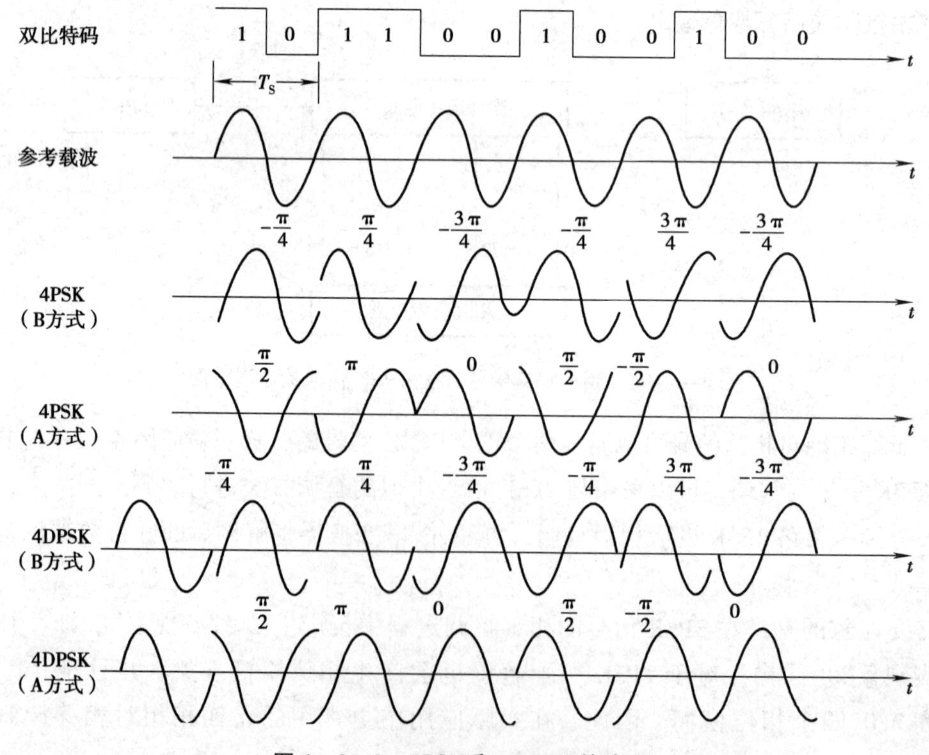

图 4—2—6　4PSK 和 4DPSK 的波形

四、其他数字调制技术简介

1．多进制正交幅度调制（QAM）

正交幅度调制（QAM）是幅度与相位相结合的调制方式，这种方式属于数字复合调制方式，一般称为幅相键控（APK）调制。它是利用两个独立的基带波形对两个相互正交的载波进行抑制载波的双边带调制，即利用已调信号在相同带宽内的频谱正交来实现两路数字信号的传输。它的信道频道利用率与单边带一样，因而主要用于高速数字通信系统中。

QAM 调制和解调的原理框图如图 4—2—7 所示。在调制器中，输入数据经过串/并变换分成两路，再分别经过 2 电平到 L 电平的变换，形成 A_m 和 B_m。为了抑制已调信号的带外辐射，A_m 和 B_m 要通过预调制低通滤波器，再分别与相互正交的两路载波相乘，形成两路 ASK 调制信号，最后将两路信号相加就可以得到不同的幅度和相位的已调 QAM 输出信号 $y_{QAM}(t)$。

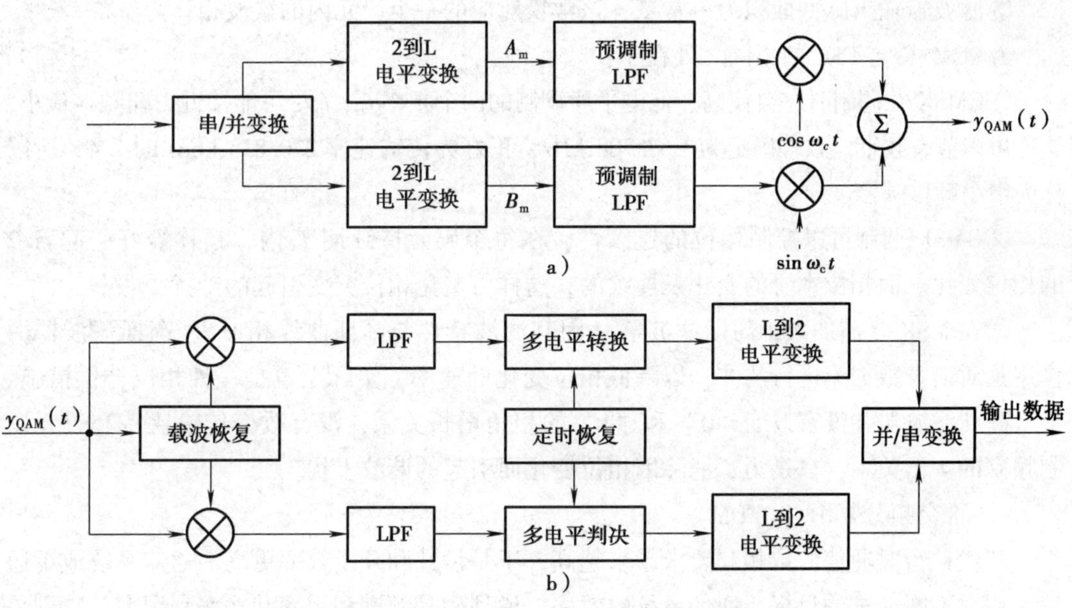

图 4—2—7　QAM 调制和解调的原理框图

a）QAM 调制　b）QAM 解调

QAM 调制方式通常有二进制 QAM（4QAM）、四进制 QAM（16QAM）、八进制 QAM（64QAM）等方式。

2．最小频移键控（MSK）调制和高斯滤波最小频移键控（GMSK）

MSK 调制及其所属的 GMSK 调制是一种窄带数字调制技术，其中 GMSK 用于欧洲和中国的 GSM 制式的数字移动通信系统。

（1）MSK 调制

MSK 是 FSK 的一种改进形式。由于 MSK 的频偏量小，并且在两个相邻码元的频率跳变处的相位是连续的，所以 MSK 信号的谐波分量小，对邻道干扰小，占用的频带窄。

（2）GMSK 调制

尽管 MSK 具有包络恒定、带宽相对较窄和能相干解调等优点，但它不能满足诸如移动通信中对带外辐射的严格要求，所以还必须对 MSK 做进一步的改进。高斯滤波最小频移键控（GMSK）就是在 MSK 调制器之前，用高斯低通滤波器对输入数据进行处理。如果恰当地选择此滤波器的带宽，能使信号的带外辐射功率小到可以满足一些通信场合的严格要求。

1）为了有效地抑制 MSK 的带外辐射，并保证经过预调制滤波后的已调信号能采用简单的 MSK 相干检测电路，预调制滤波器必须具有以下特点：

①带宽窄并且具有陡峭的截止特性。

②冲击响应的过冲较小。

③滤波器输出脉冲面积为一常量，该常量对应的一个码元内的载波相移为 $\pi/2$。

2）GMSK 与 FSK 的不同之处在于：

①GMSK 在调制时，会使高、低电平所调制的两个频率 f_1、f_2 尽可能接近，即频移最小，这样可以节省频带。频移确定为 ±67.708 kHz，正好为传输速率 270.833 kbps 的 1/4，所以称为最小频移键控。

②GMSK 调制可以控制相位的连续性，在每个码元持续期 T_S 内，频移恰好引起 $\pi/2$ 的相位变化。而相位本身的变化是连续的，这样可避免相位突变引起的干扰。

③在 MSK 之前加入了高斯滤波器（因其滤波特性与高斯曲线相似）。高斯滤波器的作用是对语音数据流进行滤波，以降低相位变化的速率，实际上也是一种相位补偿措施。加入高斯滤波器并没有改变“0”和“1”的相角增长关系，没有改变传输比特和码元调制频率的 4 倍关系，只是为了消除因相位变化而引起的谐波干扰。

3. 正交频分复用（OFDM）

现代社会对通信的依赖和要求越来越高，于是设计和开发效率更高的通信系统成了通信工程界不断追求的目标。通信系统的效率，说到底是频谱利用率和功率利用率。特别是在无线通信的情况下，对两个指标的利用率更高，尤其是频谱利用率。于是，各种具有较高频谱效率的通信技术不断被开发出来，正交频分复用（OFDM，Orthogonal Frequency Division Multiplexing）是一种特殊的多载波调制技术，它利用载波间的正交性进一步提高频谱利用率，而且可以抗窄带干扰和抗多径衰落。OFDM 通过多个正交的子载波将串行数据并行传输，可以增大码元的宽度，减少单个码元占用的频带，抵抗多径引起的频率选择性衰落，可以有效克服码间串扰，降低系统对均衡技术的要求，是支持未来移动通信，特别是移动多媒体通信的主要技术之一。

（1）OFDM 的基本原理

OFDM 的基本原理如图 4—2—8 所示。OFDM 的基本思想是将一个宽频信道分成若干个正交子信道，将高速数据信号转换为并行的低速子数据流，调制到每个子信道上进行传输。这样可以降低每个子载波的码元速率，增大码元的符号周期，提高系统的抗衰落和干扰能力。同时，由于每个子载波的正交性，大大提高了频谱的利用率，所以非常适合移动场合中的高速传输。OFDMA 多址接入方式本质上仍然是一种频分复用多址接入技术，不同的用户被分配在各个子载波上，通过频率资源上的正交方式来区分用户。

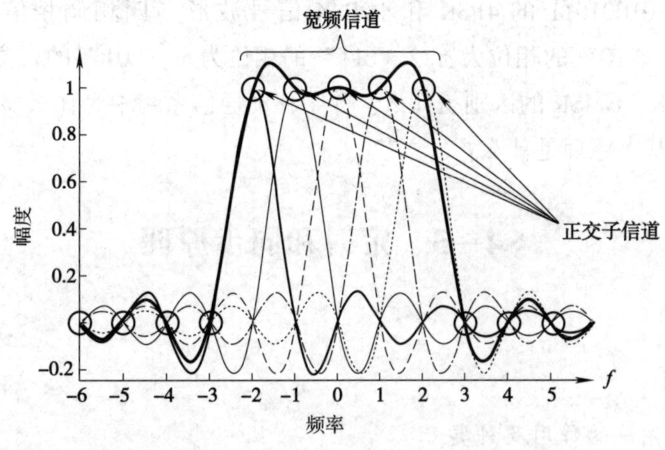

图 4—2—8　OFDM 的基本原理

（2）OFDM 与传统 FDM 的区别

1）传统 FDM：为避免载波间干扰，需要在相邻的载波间保留一定的保护间隔，如图 4—2—9 所示，大大降低了频谱效率。

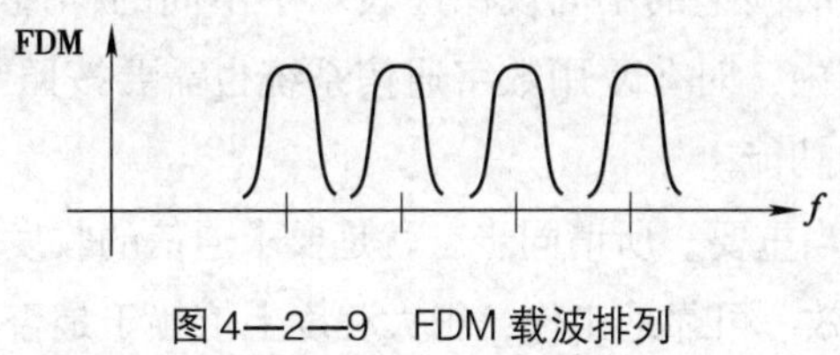

图 4—2—9　FDM 载波排列

2）OFDM：各（子）载波重叠排列，同时保持（子）载波的正交性（通过 FFT 实现），如图 4—2—10 所示，从而在相同带宽内容纳数量更多的（子）载波，提升频谱效率。

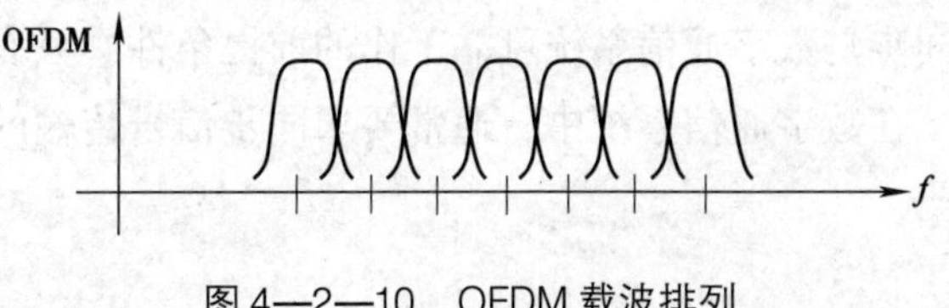

图 4—2—10　OFDM 载波排列

传统的FDMA多址方式中，各子载波间通过一定的频域间隔来避免载波间的干扰，与传统的FDMA方式相比，OFDMA的各子载波间通过正交复用方式避免干扰，有效地减少了载波间的保护间隔，提高了频谱利用率。也就是说，在传输同等带宽的数据符号时，OFDMA需要更小的带宽。

思考与练习

1．什么是多进制数字调制？为什么要进行多进制数字调制？

2．画出代码01001011的4PSK和4DPSK信号波形（四相调相信号的相位如下："00"的相位为0，"10"的相位为$\pi/2$，"11"的相位为π，"01"的相位为$3\pi/2$）。

3．FSK、MSK、GMSK的区别是什么？数字移动通信系统中为什么要采用GMSK？

4．OFDM的基本原理是什么？

§4—3　定时和同步原理

学习目标

1．了解定时系统的作用及种类。

2．了解同步系统的作用及种类。

在数字通信系统中，信源编码、信道编码等过程必须严格按照一定的时间关系进行，如PCM采样过程必须在定时脉冲的控制下进行；PCM编码后的数字信号由一些等长的码元序列构成，这些码元在时间上的不同规律性表示了不同的样值；HDB3编码中破坏脉冲的确定等。在数字通信网中，时分复用数字通信系统也需要按照预先规定的时间控制程序完成通信系统各个环节的功能。

同样，同步的作用相当重要。所谓同步，就是要求通信的收发双方在时间基准上保持一致。数字通信系统能否有效、可靠地工作，很大程度上依赖于是否具有良好的同步系统。

数字信号由一些等长的码元序列构成，这些码元在时间上的不同规律表示了不同的信息。为保证整个传输过程准确可靠，必须使接收端和发送端的定时脉冲在时间上保持一致，即保持同步，收发双方的载波、码元速率及各种定时标志都应步调一致，不仅要求同频，而且要求同相。同步是数字通信系统可靠工作的前提条件，只有收和发之间建立了同步才能开始传输信号。在数字通信系统中，通常要求同步信号传输的可靠性高于一般信号传输的可靠性。

一、定时系统

定时就是提供严格的定时脉冲控制数字通信系统各部分功能部件始终按规定的节拍工作。

定时系统提供取样、分路、编码、译码、标志信号系统以及汇总、分离等部件的指令脉冲，以使整体各部分都能在规定的时间内准确、协调地工作。这些定时脉冲主要有三类：供取样与分路用的取样脉冲；供编码与解码用的位脉冲；供标志信号用的复帧脉冲。

定时系统包括发送端定时系统和接收端定时系统，发送端定时系统为主动式，接收端定时系统为被动式。被动式是指接收端定时系统的时钟是从接收到的 PCM 码流中提取出来的，其本身并没有时钟源。

二、同步系统

按照同步的功能，同步可以分为载波同步、位同步（码元同步）、帧同步（群同步）和网同步四种。

1. 载波同步

当采用同步解调或相干检测时，接收端必须提供一个与发送载波同频、同相的相干载波，而这个相干载波的获取就称为载波提取或载波同步。

载波同步的作用是产生本地参考载波信号，相干载波信息通常是从接收到的信号中提取。

2. 位同步

在数字通信系统中，为了恢复出原始数字基带信号，就要进行取样判决，因此需要在接收端产生一个“码元定时脉冲序列”，这个码元定时脉冲序列的重复频率和相位（位置）要与接收码元一致，以保证：接收端的定时脉冲重复频率与发送端的码元速率相同；取样判决时刻对准最佳取样判决位置。这个码元定时脉冲序列称为“码元同步脉冲”或“位同步脉冲”。

一般将在接收端产生与接收码元的重复频率和相位一致的定时脉冲序列的过程称为位同步或码元同步，而将位同步脉冲的提取称为位同步提取。实现位同步的方法有直接法（自同步法）和插入导频法（外同步法）两种。

3. 帧同步（群同步）

位同步的目的是确定数字通信中的各个码元的取样时刻，即将每个码元加以区分，使接收端得到一连串的码元序列，这一连串的码元序列代表一定的信息。通常由若干个码元代表一个字母（符号、数字），而由若干个字母组成一个字，若干个字组成一个句。在传输数据时则通常将若干个码元组成一个个码组，即一个个的“字”或“句”，称为帧或群。

帧同步的任务就是在位同步的基础上，识别出数字信息群（“字”或“句”）的起、止时刻，即给出每个帧的“开头”和“末尾”时刻，从而保证收、发对应的话路在时间上保持一致。帧同步又称群同步。

帧同步的功能主要有：识别、校对同步码；进行前、后方保护时间计数；控制收定时。

在时分多路传输系统中，信号是以帧的方式传送的，每一帧中包括许多路。接收端为了把各路信号区分开来，也需要帧同步系统。

为了建立收、发系统的帧同步，需要在每一帧（或几帧）中的固定位置插入具有特定码型的帧同步码。这样，只要接收端能正确识别出这些帧同步码，就能正确辨别出一帧的首尾，从而能正确区分出发送端发送来的各路信号。

4. 网同步

载波同步、位同步、帧同步主要解决的是点对点之间的通信问题，但实际通信往往需要在许多通信节点之间实现互接和数字信息的相互交换，这就有必要在通信网内建立一个网同步系统，以保证通信网正常、可靠地运行。网同步实际上是在网内建立一个统一的时间标准。

网同步的功能是使不同数码率的信息码在同一通信网中正确传输、交换和接收，实现全数字网的网路同步。方法是使通信网中各转接点的时钟频率和相位保持协调一致。

由于发送端时钟频率和交换点时钟频率不一致等原因而造成的“漏码”或“多码”的现象称为滑码。滑码产生的原因还有传输介质因环境恶劣而引起的传输特性变化、再生中继器/数字复接设备引起的相位抖动等。一般滑码产生的频繁程度取决于频率相位的同步程度，相差越大，滑码越频繁。

一般滑码对语音通话的影响不严重，但严重影响数据传输。总的来说，滑码对通信质量的影响是不可避免的，由于数据通信的需求已经超过了语音通信，解决数字通信网中各交换点频率和相位的同步问题刻不容缓，建立数字通信网同步是现代通信网建设必须解决的问题。

思考与练习

1. 简述定时系统的作用及类型。

2. 简述同步系统的主要类型。

实验四　FSK 调制

一、实验目的

理解 FSK 调制的工作原理及电路组成。

二、实验器材

RZ111 通信原理实验箱一台、20 M 双踪示波器一台。

三、知识准备

1．FSK 调制电路实验原理

FSK 调制电路原理方框图如实验图 4—1 所示。

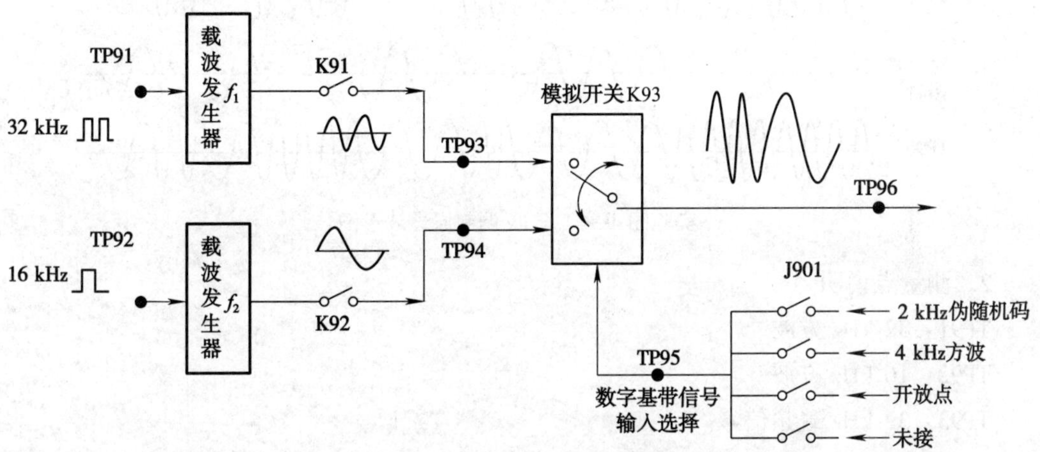

实验图 4—1　FSK 调制电路原理方框图

数字频率调制是数据通信中使用较早的一种通信方式。由于这种调制解调方式容易实现，抗噪声和抗衰减性能较强，因此在中低速数据传输通信系统中得到了较为广泛的应用。

数字调频又可称为频移键控（FSK），它是利用载频频率变化来传递数字信息的。数字调频信号可以分为相位离散和相位连续两种情形。若两个振荡频率分别由不同的独立振荡器提供，它们之间相位互不相关，这就叫相位离散的数字调频信号；若两个振荡频率由同一振荡信号源提供，只是对其中一个载频进行分频，这样产生的两个载频就是相位连续的数字调频信号。

在本实验电路中，由实验平台自带的载频频率经过本实验电路分频而得到的两个不同频率的载频信号，即为相位连续的数字调频信号。

输入的基带信号由跳线开关 J901 接入后分成两路，一路控制 $f_1 = 32$ kHz 的载频，另一路经倒相去控制 $f_2 = 16$ kHz 的载频。当基带信号为“1”时，模拟开关 1 打开，模拟开关 2 关闭，此时输出 $f_1 = 32$ kHz 的载频；当基带信号为“0”时，模拟开关 1 关闭，模拟开关 2 打开。此时输出 $f_2 = 16$ kHz 的载频，于是可在输出端得到已调的 FSK 信号。

电路中的两路载频（f_1、f_2）由 CPLD 可编程数字信号发生器产生。

FSK 调制原理波形如实验图 4—2 所示。

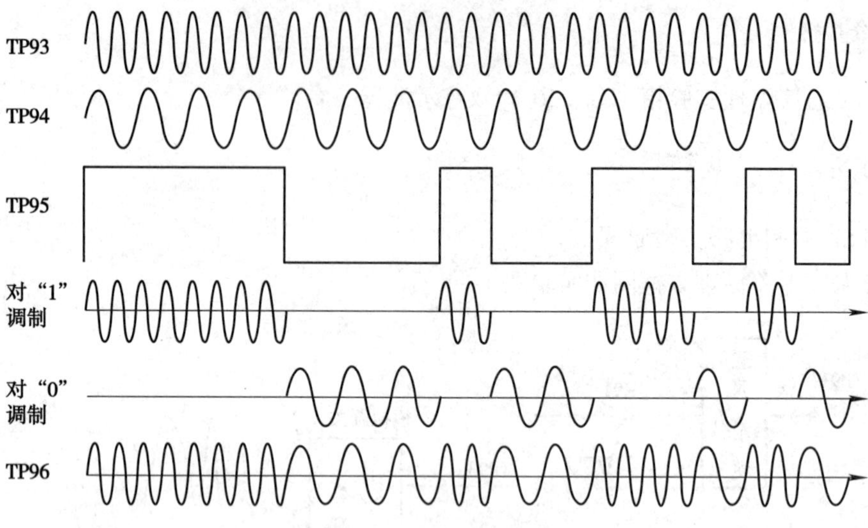

实验图 4—2　FSK 调制原理波形图

2. 测量点说明

TP91：32 kHz 方波。

TP92：16 kHz 方波。

TP93：32 kHz 载频信号。

TP94：16 kHz 载频信号，可调节电位器 W91 改变幅度。

TP95：作为 F =2 kHz 或 4 kHz 的数字基带信码信号输入，由跳线开关 J901 决定。

第一排相连：码元速率为 2 kHz 的伪随机码。

第二排相连：码元速率为 4 kHz 的 1010 交替码。

第三排相连：外部开放接入点。

第四排：未接。

TP96：FSK 调制信号输出，通过开关 K93 送到 FSK 解调电路。

四、实验内容及步骤

1. 电位器调节

W91（在电路板反面）：调节 16 kHz 正弦波幅度大小，要求达 4 V 左右。

注意：32 kHz 正弦波中幅度大小可由电路板反面的电位器 W91 调节，要求达 4 V 左右，建议一般不调节。

2. 不同的数字基带信号的选择

有 2 kHz 伪随机码、1010 交替码（4 kHz），由信号转接开关 J901 进行选择。J901 的第一排相连时，FSK 解调端输出测试点 TP96，输出应为 2 kHz 的伪随机码信号。J901 的第二排相连时，FSK 解调端输出测试点 TP96，输出应为不稳定的输出波形，是因为基带信号的工作速率与载频信号的频率相差太近造成的。

3．选择 2 kHz 伪随机码作为基带信号，观察 FSK 调制电路 TP91 ~ TP96 各测试点波形，记录在实验表 4—1 中，并做详细分析。

实验表 4—1　　　　　　　　　　波形及分析记录表

测试点	波形图
TP91 处波形	
TP92 处波形	
TP93 处波形	
TP94 处波形	
TP95 处波形	
TP96 处波形	
波形分析	

4. 改变数字基带输入信号，同样观察波形、记录并分析。

五、实验报告

1. 实验报告包括以下几部分：实验目的、实验器材、知识准备、实验内容及步骤和实验体会。

2. 记录测量结果并对测量结果进行分析。

实验五 FSK 解调

一、实验目的

理解利用锁相环解调 FSK 的原理和实现方法。

二、实验器材

RZ111 通信原理实验箱一台、20M 双踪示波器一台。

三、知识准备

1. FSK 解调电路实验原理

FSK 解调电路原理方框图如实验图 5—1 所示。

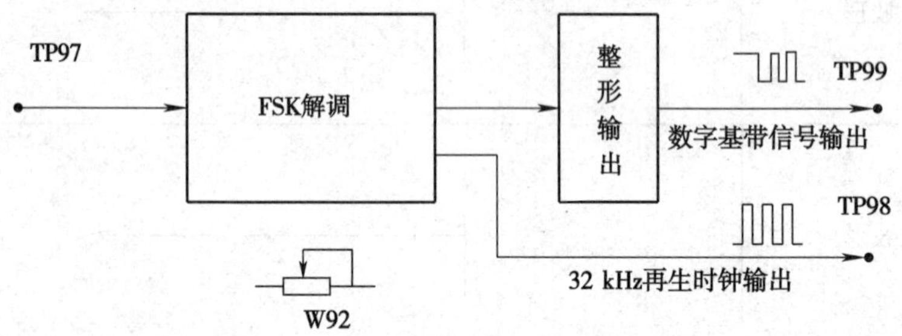

实验图 5—1 FSK 解调电路原理方框图

FSK 集成电路模拟锁相环解调器由于性能优越、价格低廉、体积小，所以得到了越来越广泛的应用。

FSK 集成电路模拟锁相环解调器的工作原理十分简单，只要在设计锁相环时，使它锁定在 FSK 的一个载频 f_1 上，对应输出高电平，而对另一个载频 f_2 失锁，对应输出低电平，那么在锁相环路滤波器输出端就可以得到解调的基带信号序列。

FSK 锁相环解调器中的集成锁相环选用 4046。

压控振荡器的中心频率设计为 32 kHz。其参数选择要满足环路性能指标的要求。从要求环路能快速捕捉、迅速锁定来看，低通滤波器的带宽要宽些；从提高环路的跟踪特性来看，低通滤波器的带宽要窄些。因此，电路设计应在满足捕捉时间的前提下，尽量减小环路低通滤波器的带宽。

当输入信号为 16 kHz 时，环路失锁，此时环路对 16 kHz 载频的跟踪被破坏。

可见，环路对 32 kHz 载频锁定时输出高电平，对 16 kHz 载频失锁时输出低电平。只要适当选择环路参数，使它对 32 kHz 锁定，对 16 kHz 失锁，则在解调器输出端就能得到解调输出的基带信号序列。

FSK 解调原理波形如实验图 5—2 所示。

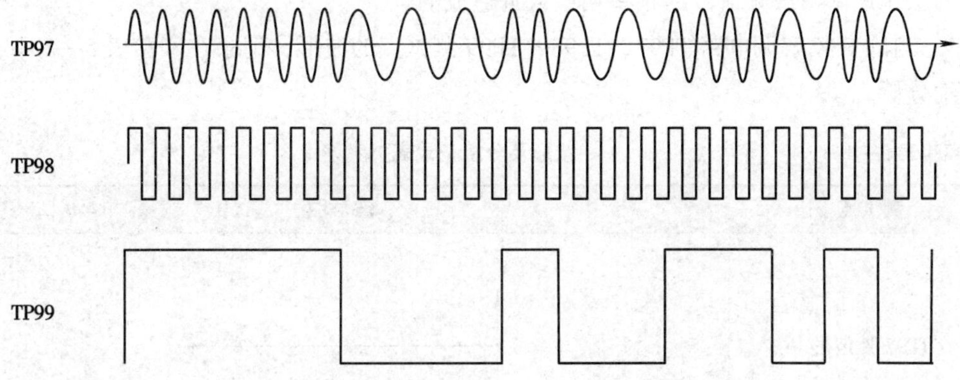

实验图 5—2　FSK 解调原理波形图

2. 测试点说明

TP95：作为 $F=2$ kHz 或 4 kHz 的数字基带信码信号输入，由跳线开关 J901 决定。

第一排相连：码元速率为 2 kHz 的伪随机码。

第二排相连：码元速率为 4 kHz 的 1010 交替码。

第三排相连：外部开放接入点。

第四排：未接 K904。

TP96：FSK 调制信号输出，再送到 FSK 解调电路。

TP98：FSK 解调电路工作时钟，正常工作时应为 32 kHz 左右，频偏不应大于 2 kHz。若有偏差，可调节电位器 W92。

TP99：FSK 解调信号输出，即数字基带信码信号输出，波形同 TP95。

注：在 FSK 解调时，J901 只能是第一排相连，即解调出的码元速率为 2 kHz 的伪随机码。J901 如果是第二排相连，则 FSK 解调电路解调出的数字基带信码信号处于临界状态，因为解调出的波形处于不稳定状态。此时 $F=4$ kHz，$f_{c1}=32$ kHz，$f_{c2}=16$ kHz，所以对满足 $4F \leqslant f_{c2}$ 的关系来讲则是工作于临界状态，因为此时它们的频谱重叠了。所以在此项实验做完后，应注意将跳线开关 J901 设置在第一排相连接的位置上。

四、实验内容及步骤

1. 电位器调节

W92：调节解调电路振荡器工作时钟的频率。

2. 选择不同的数字基带信号的速率

有 2 kHz 伪随机码、1010 交替码（4 kHz），由信号转接开关 J901 进行选择。J901 的第一排相连时，FSK 解调端输出测试点 TP99，输出应为 2 kHz 的伪随机码信号。J901 的第二排相连时，FSK 解调端输出测试点 TP99，输出应为不稳定的输出波形，是因为基带信号的工作速率与载频信号的频率相差太近造成的。

3. 测试 FSK 解调电路 TP97、TP98、TP99 测试点的波形，记录在实验表 5—1 中，并做详细分析。

实验表 5—1 波形及分析记录表

测试点	波形图
TP97 处波形	
TP98 处波形	
TP99 处波形	
波形分析	

4. 调整信号转接开关 J901，改变数字基带输入信号，同样观察波形、记录并分析。

五、实验报告

1. 实验报告包括以下几部分：实验目的、实验器材、知识准备、实验内容及步骤和实验体会。

2. 记录测量结果并对测量结果进行分析。

实验六　二相 PSK 调制

一、实验目的

1. 掌握二相 PSK 调制的工作原理及电路组成。

2. 了解载频信号的产生方法。

二、实验器材

RZ111 通信原理实验箱一台、20M 双踪示波器一台。

三、知识准备

1. 实验原理

在本实验中，绝对相移键控（PSK）是采用直接调相法来实现的，也就是用输入的基带信号直接控制已输入载波相位的变化来实现相移键控。

PSK 调制在数字通信系统中是一种极重要的调制方式，它的抗干扰噪声性能及通频带的利用率均优先于幅移键控 ASK 和频移键控 FSK。因此，PSK 技术在中、高速数据传输中得到了十分广泛的应用。

在数据传输系统中，由于相对相移键控调制具有抗干扰噪声能力强，在相同的信噪比条件下，可获得比其他调制方式（如 ASK、FSK）更低的误码率，因而这种方式广泛应用在实际通信系统中。实验图 6—1 所示为二相 PSK 调制器电路原理方框图。

在绝对相移方式中，由于发端是以两个可能出现的相位之中的一个相位作为基准的，因而在收端也必须有这样一个相同的基准相位做参考，如果这个参考相位发生变化（0 相变 π 相，或 π 相变 0 相），则恢复的数字信息就会发生 0 变 1（或 1 变 0），从而造成错误恢复。在实际通信时参考基准相位的随机跳变是有可能发生的，而且在通信过程中不易被发现。例如，由于某种突然的骚动，系统中的触发器可能发生状态的转移，锁相环路稳定状态也可能发生转移。出现这种可能时，采用绝对相移就会使接收端恢复的数据极性相反。如果这时传输的是经增量调制的编码后话音数字信号，则不影响话音的正常恢复，只

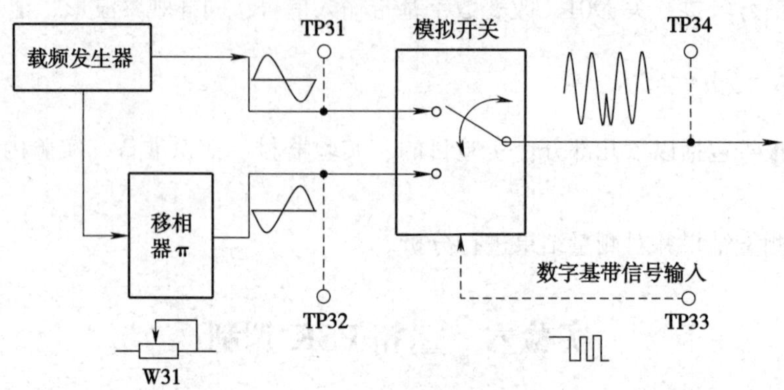

实验图 6—1　二相 PSK 调制器电路原理方框图

是在相位发生跳变的瞬间有噪声出现。但如果传输的是计算机输出的数据信号，将会使恢复的数据面目全非。为了克服这种现象，通常在传输数据信号时采用二进制相移键控（DPSK）方式。

PSK 调制波形如实验图 6—2 所示。

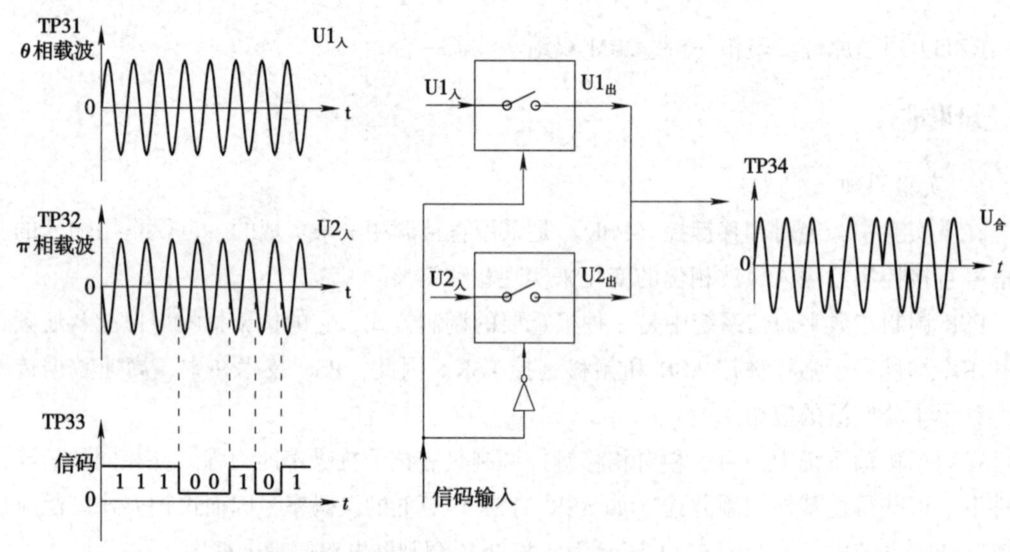

实验图 6—2　PSK 调制波形

2．测试点说明

TP31：输入频率为 32 kHz 的载波信号。

TP32：波形同 TP31 反相，波形不好时，可调节电位器 W31。

TP33：数字基带信号伪随机码输入波形，码元序列为 111100010011010，速率为 2 kHz 的绝对码。

TP34：PSK 调制信号输出波形，注意调节两载波幅度相等。

四、实验内容及步骤

测试 TP31～TP34 测试点的波形，将观察到的波形记录在实验表 6—1 中，并根据波形分析 PSK 调制的工作原理。

实验表 6—1　　　　　　　　　　　　波形及分析记录表

测试点	波形图
TP31 处波形	
TP32 处波形	
TP33 处波形	
TP34 处波形	
波形分析	

五、实验报告

1. 实验报告包括以下几部分：实验目的、实验器材、知识准备、实验内容及步骤和实验体会。

2. 记录测量结果并对测量结果进行分析。

3. 设计一个电路，实现 DPSK 调制功能。

实验七　二相 PSK 解调

一、实验目的

1. 掌握二相 PSK 解调的工作原理及电路组成。

2. 了解 PSK 解调载波的提取方法。

二、实验器材

RZ111 通信原理实验箱一台、20 M 双踪示波器一台。

三、知识准备

实验图 7—1 所示为二相 PSK 解调器电路原理方框图。二相 PSK 的载波为 32 kHz，数字基带信号的码元速率为 2 kbps。

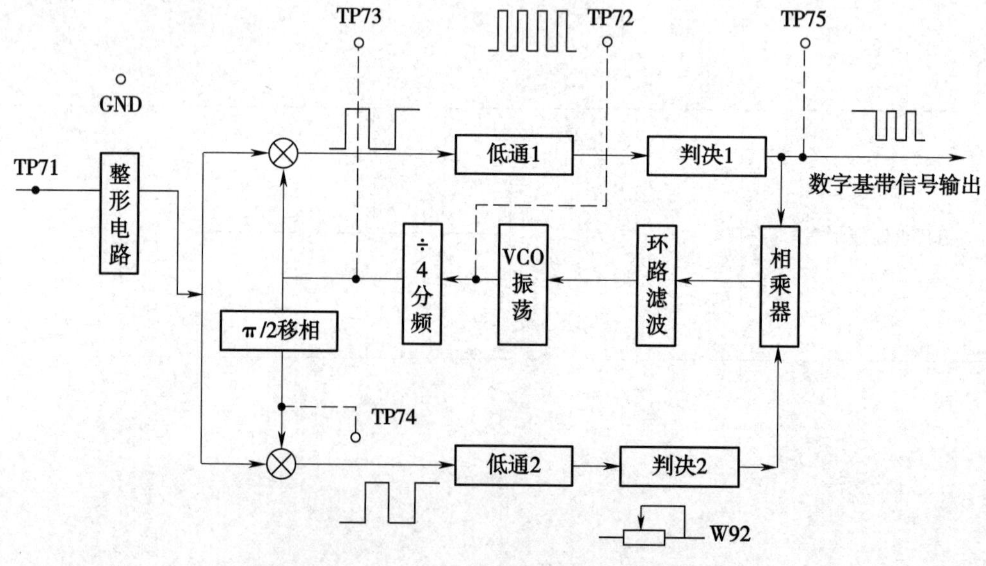

实验图 7—1　二相 PSK 解调器电路原理方框图

一个完整的解调器应由三部分组成：载波提取电路、位定时恢复电路与信码再生整形电路。载波恢复和位定时提取是数字载波传输系统测试中必不可少的组成部分。载波恢复的具体实现方案与发送端的调制方式有关，以相移键控为例，有 N 次方环、科斯塔斯环（Constas 环）、逆调制环和判决反馈环等。由于数字电路技术和集成电路的迅速发展，又出现了基带数字处理载波跟踪环，并且已在各领域得到了广泛的应用。但是，为了加强学生基础知识的学习及对基本理论的理解，选择同相正交环解调电路做基本实验。

1. 同相正交环锁相环提取载波电路

在这种环路中，误差信号是由两个鉴相器提供的。VCO 压控振荡器给出两路互相正交的载波信号分别送至两鉴相器，输入的二相 PSK 信号经过两个鉴相器分别鉴相后，由低通滤波器滤除载波频率以上的高频分量，分别送入两判决器进行判决后得到基带信号 U_{d1} 与 U_{d2}，其中 U_{d1} 中包含码元信息，但无法对 VCO 压控振荡器进行控制。只要将 U_{d1}、U_{d2} 经过基带模拟相乘器相乘后，就可以去掉码元信息，得到反映 VCO 输出信号与输入载波间相位差的误差控制电压，从而实现对 VCO 压控振荡器的控制。

2. 具体工作过程

由 PSK 调制电路输出的相位键控信号分两路输出至两鉴相器的输入端，鉴相器 1 与鉴相器 2 的控制信号输入端的控制信号分别为 0 相载波信号与 π/2 相载波信号。这样，经过两鉴相器输出的鉴相信号再通过有源低通滤波器滤掉其高频分量，再由两比较判决器完成判决，解调出数字基带信码去相乘器电路，去掉数字基带信号中的数字信息。得到反映恢复载波与输入载波相位之差的误差电压 U_d，U_d 经过环路低通滤波器滤波后，输出一个平滑的误差控制电压，去控制 VCO 压控振荡器即锁相环 4046。

当锁相环 4046 的第 4 脚输出的中心振荡频率为 128 kHz 时，使其准确而稳定地输出 128 kHz 的载波信号。用频率计监视测试点 TP71 上的频率值，该 128 kHz 的载波信号经过分频（÷4）电路，经两次分频变为 32 kHz 载波信号，并完成 π/2 相移相。这样就完成了载波恢复的功能。

3. 测试点说明

TP72：压控振荡器输出 128 kHz 的载波信号。

TP73：频率为 32 kHz 的 0 相载波输出信号。

TP74：频率为 32 kHz 的 π/2 相载波输出信号。

TP75：PSK 解调输出波形，即数字基带信号。

注意：当不论怎样调节解调电路都不能输出正确的数字基带信号时，需重新开机，复位电路。

四、实验内容及步骤

1. 将实验六二相 PSK 调制电路调整好后，观察 TP31～TP34 测试点的波形，输出二相 PSK 调制信号。

2. 二相 PSK 解调实验

将本实验电路调整到最佳状态，逐一测量 TP71～TP75 测试点处的波形，画出波形图并记录在实验表 7—1 中，注意相位、幅度之间的关系。

实验表 7—1　　　　波形及分析记录表

测试点	波形
TP71 处波形	
TP72 处波形	
TP73 处波形	
TP74 处波形	

续表

测试点	波形
TP75 处波形	
波形分析	

五、实验报告

1. 实验报告包括以下几部分：实验目的、实验器材、知识准备、实验内容及步骤和实验体会。

2. 记录测量结果并对测量结果进行分析。

实验八　数字同步与信码再生测试

一、实验目的

1. 熟悉位定时产生与提取位同步信号的方法。

2. 熟悉信号再生的原理。

二、实验器材

RZ111 通信原理实验箱一台、20M 双踪示波器一台。

三、知识准备

数字通信系统能否有效工作，在相当大的程度上依赖于发端和收端能否正确同步。同步不良将会导致通信质量下降，甚至完全不能工作。通常有三种同步方式，即载波同步、位同步和群同步，在本实验中主要分析位同步。实现位同步的方法有很多，可分为两大类型：一类是外同步法，另一类是自同步法。

所谓外同步法，就是在发端除了要发送有用的数字信息外，还要专门传送位同步信号，到了收端得用窄带滤波器或锁相环进行滤波，提取出该信号作为位同步使用。

所谓自同步法，就是在发端不专门向收端发送位同步信号，而收端所需要的位元同步信号是设法从接收信号中或从解调后的数字基带信号中提取出来的。

对一个被损坏的信号进行处理，去除噪声干扰、恢复信号损坏部分的过程称为信号再生。常见的传输信号有电信号和光信号之分，因此信号再生也分为电信号再生和光信号再生。数字信号中传输的信息是“1”和“0”组成的数字码串，典型的信号是 PCM 脉冲编码调制信号。PCM 信号在长距离传输过程中，必须采用再生中继技术。再生中继要求在基带信号信噪比不太大的条件下，系统对失真的波形及时进行识别判决，识别出“1”码和“0”码，经过再生中继后的输出脉冲会完全恢复为原数字信号序列。

本实验中，位同步提取的方法是从二相 PSK（DPSK）信号中，对解调出的数字基带信息再直接提取恢复出位同步信号。实验图 8—1 所示为位同步恢复与信码再生电路原理方框图。

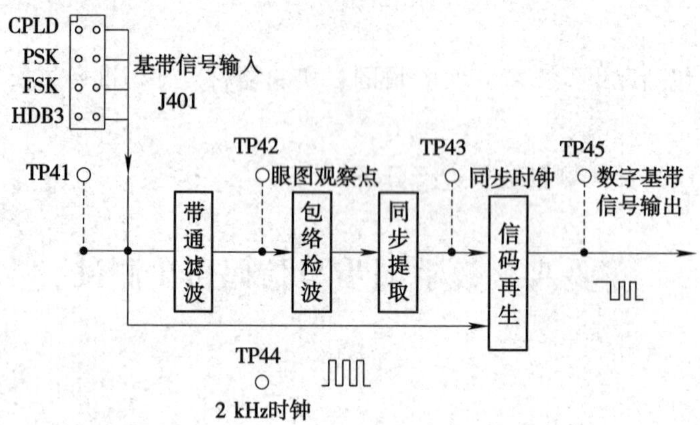

实验图 8—1　位同步恢复与信码再生电路原理方框图

设计该电路时，以数字基带码元速率为 2 kbps 为例，数字基带信号由跳线开关 J401 输入，J401 共有来自四个电路的基带信号输入，分别是：

第一排：来自 CPLD 可编程信号发生器产生的 2 kbps 的伪随机码。

第二排：来自 PSK 解调电路的 2 kbps 的数字基带信号。

第三排：来自 FSK 解调电路的 2 kbps 的数字基带信号。

第四排：来自 HDB3 译码电路的 32 kbps 的伪随机码（本实验提取 32 kHz 同步时钟作为学生二次开发使用）。

四、实验内容及步骤

1. 将 PSK 解调电路的 2 kbps 的数字基带信号送入该电路中，由 J401 的第二排接入，观察 TP41、TP43、TP45 测试点处的波形，并记录在实验表 8—1 中。

实验表 8—1　　　　　　　　　　　　　　波形及分析记录表

测试点	波形
TP41 处波形	
TP43 处波形	
TP45 处波形	
波形分析	

2. 将 FSK 解调电路的 2 kbps 的数字基带信号送入该电路中，由 J401 的第三排接入，观察 TP41、TP43、TP45 测试点处的波形，并记录在实验表 8—2 中。

实验表 8—2　　　　　　　　　　　　　　波形及分析记录表

测试点	波形
TP41 处波形	

续表

测试点	波形
TP43 处波形	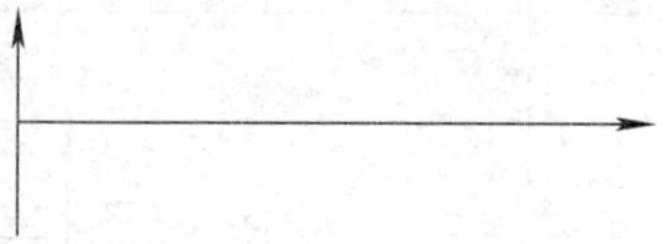
TP45 处波形	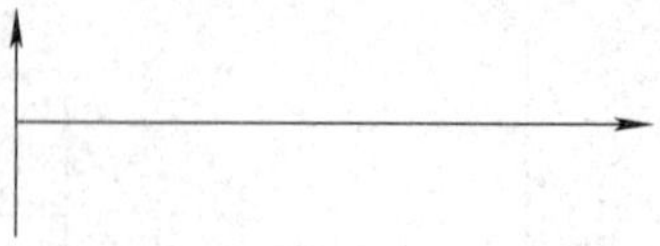
波形分析	

3. 将 CPLD 的可编程信号发生器产生的 2 kbps 的数字基带信号送入该电路中，由 J401 的第一排接入，观察 TP41、TP43、TP45 测试点处的波形，并记录在实验表 8—3 中。

实验表 8—3　　波形及分析记录表

测试点	波形
TP41 处波形	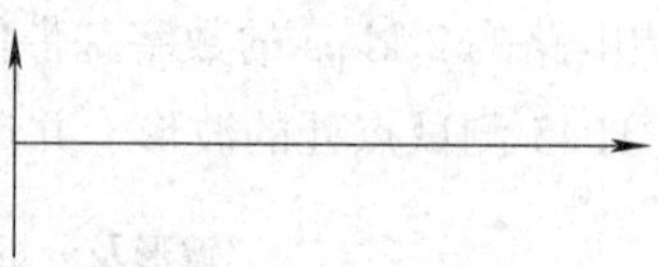
TP43 处波形	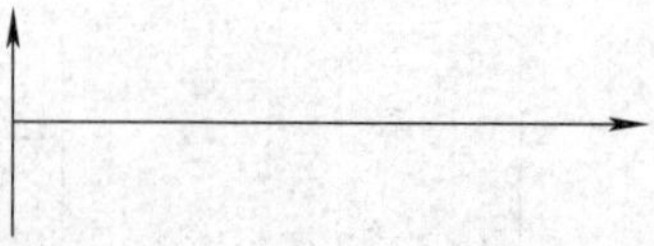

续表

测试点	波形
TP45 处波形	
波形分析	

五、实验报告

1. 实验报告包括以下几部分：实验目的、实验器材、知识准备、实验内容及步骤和实验体会。

2. 记录测量结果并对测量结果进行分析。

第五章 典型通信系统

§5—1 数字移动通信系统

学习目标

1. 了解移动通信系统的定义、组成、特点及工作方式。
2. 了解移动通信系统的组网技术。
3. 了解GSM移动通信系统的概念及其网络接口知识。
4. 了解3G、4G标准及技术的基本知识。

人们利用手机进行交流，那么手机究竟是怎样打通对方的电话的呢？通过手机上网，除了用手机外，还需要什么条件呢？平时总听说“无网络”，这里的网络究竟是什么意思呢？要得到这些问题的答案，就必须对移动通信、移动通信系统的工作原理有所了解。

一、移动通信系统

1. 移动通信系统的组成和特点

所谓移动通信，就是指通信的双方至少有一方是在移动（或暂时静止）中进行信息交换的通信，它包括移动台（汽车、火车、飞机、船舰等）与固定台之间通信、移动台与移动台之间通信。

这里的信息交换不仅指双方的通话，还包括数据、图像等信息的交换。

（1）移动通信系统的组成

移动通信系统一般由移动台（MS）、基站（BS）、移动业务交换中心（MSC）、传输线等组成，如图5—1—1所示。

移动台有便携式、手提式、车载式三种。移动台不是单指手机，手机只是其中一种便携式移动台。

基站是以多信道共用方式在移动通信中提供通信服务的关键设备，主要由收发信道盘等组成。每一个基站都有一个可靠的通信服务范围，称为无线小区。无线小区的大小主要由基站天线高度和发射功率决定。

移动业务交换中心除具有一般市话交换机的功能之外，还有移动业务所需处理的越区切换、漫游等功能。

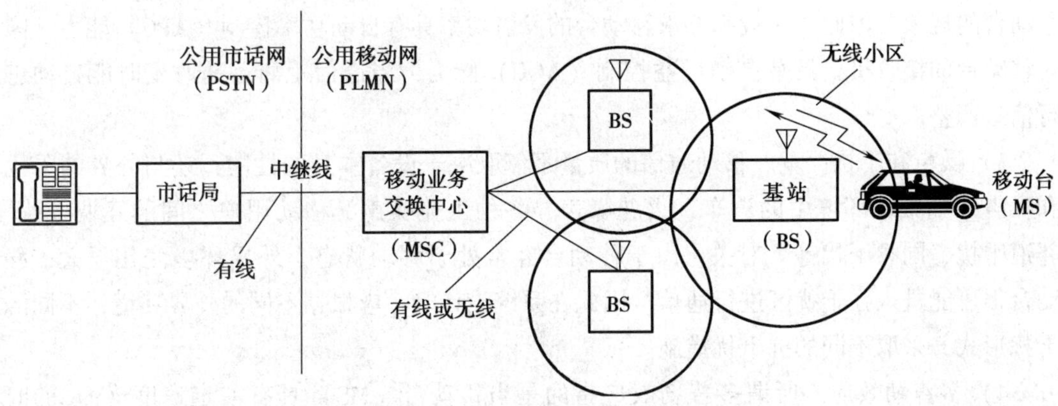

图 5—1—1　移动通信系统的组成

传输线主要是指连接各设备的中继线。目前移动业务交换中心（MSC）到基站（BS）之间的传输主要采用微波或光缆等方式。

（2）移动通信系统的特点

移动通信采用的是无线通信方式，可以应用于任何条件下，特别是有线通信不可及的地方（如无法敷设光缆、电缆等）。无线通信方式决定了移动通信系统具有以下特点：

1）电波传播条件复杂。在移动通信系统中，由于移动台的不断移动，到达接收点的信号由直射波和各种反射波叠加而成，如图 5—1—2 所示。这些电磁波都是从同一个天线发射出来的，到达接收点的途径各不相同，且移动台经常处于运动状态中，因而移动台接收各信号的强度和相位随时间、地点而不断变化。所以其接收信号合成的强度也是不同的，最大可相差 30 dB 以上，这就是所谓的衰落现象，它严重影响通信质量。因此，只有充分研究电波传播的规律，才能进行合理的系统设计。

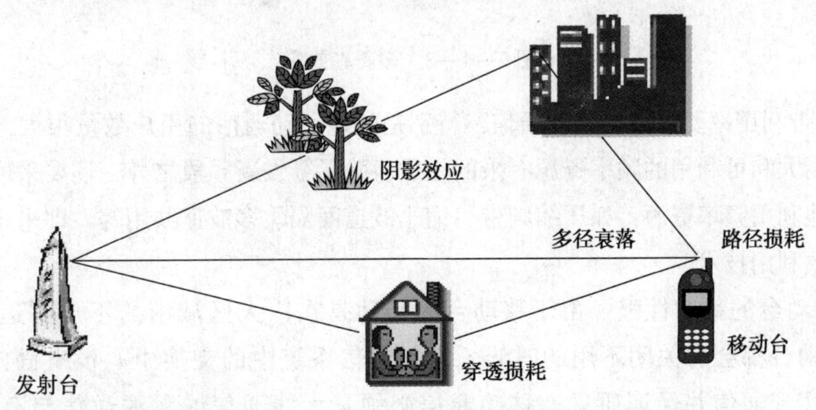

图 5—1—2　电波的多径传播

2）远近效应。移动通信是在运动中进行的，移动台之间会出现近处移动台干扰远处移动台的现象。因此，一般都要求移动台的发射功率具有自动功率控制（APC）能力，同时移动台的接收机要具有自动增益控制（AGC）能力，当通信距离迅速改变时能自动进行信号调整。

3）噪声和干扰严重。移动通信的质量不仅取决于设备本身的性能，还与外界的干扰和噪声（如城市环境中的汽车、火花噪声、各种工业噪声，移动用户之间的互调干扰、邻道干扰、同频干扰等）有关。由于移动台经常处于移动状态，外界环境变化很大，移动台很可能进入强干扰区进行通信。因此在系统设计时，应根据不同的外界环境，不同的干扰形式，采取不同的抗干扰措施。

4）多普勒效应。所谓多普勒效应指的是当移动台（MS）具有一定速度（v）的时候，接收端接收到移动台的载波频率将随 v 的不同，产生不同的频移。移动产生的多普勒频率（f_0）的计算公式为

$$f_0 = \frac{v}{\lambda \cdot \cos\theta} \tag{5—1—1}$$

式中　v——移动台的速度；

λ——工作波长；

θ——电波入射角。

如图 5—1—3 所示，移动速度（v）越快，入射角（θ）越小，则多普勒效应就越严重。此时只有采用锁相技术才能接收到信号，所以移动通信设备都采用锁相技术。

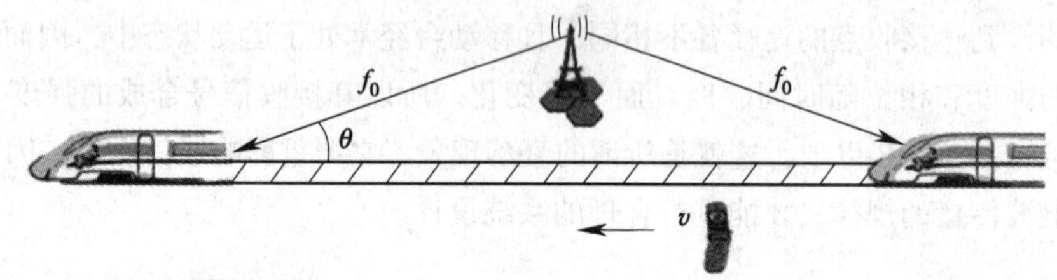

图 5—1—3　多普勒效应

5）频带利用率要求高。移动通信，特别是陆地移动通信的用户数量很大，为了缓和用户数量庞大和可利用的频率资源有限的矛盾，除了开发新频段之外，还要采取各种措施更加有效地利用频率资源，如压缩频带、缩小波道间隔、多波道共用等，即采用频谱和无线信道有效利用技术。

6）移动台的移动性强。由于移动台的移动是在广大区域内的不规则运动，而且大部分移动台都会有关闭不用的时候，它与通信系统中的交换中心没有固定的联系。因此，要实现通信并保证质量，移动通信必须是无线通信或无线通信与有线通信的结合，而且必须要发展自己的跟踪、交换技术，如位置登记技术、波道切换技术、

漫游技术等。

7）通信设备的性能要好。不同的移动通信系统有不同的特点，这是对通信设备提出性能要求的依据。在陆地移动通信系统中，要求移动台体积小、质量小、功耗低、操作方便。同时，在有振动或高、低温等恶劣环境条件下，要求移动台依然能够稳定、可靠地工作。

8）系统和网络结构复杂。移动通信系统是一个多用户的通信系统，必须使用户之间互不干扰，能够协调一致地工作。此外，移动通信系统还应与公用交换电话网络（PSTN）等互连。

（3）移动通信的工作方式

按通话状态和频率使用方法可将移动通信的工作方式分为单工制、半双工制和双工制三类。

2. 移动通信系统的组网技术

移动通信组网涉及的技术问题非常多。首先是频率资源的管理与有效利用。其次是有关区域划分并组成相应的网络，根据各种不同的业务需求，网络结构也有所不同。为保证全网用户有序地进行通信，必须对网内的设备实施各种控制，这些控制信号的总体称为信令系统，它是通信网的重要组成部分。在信令的控制下，要适时地将主叫用户与被叫用户的线路连接起来，这就是网络交换。这些都是移动通信组网的共性问题。当然移动通信组网涉及的技术问题远远不止这些，还在不断发展之中，读者可参阅相关的专业书籍。

（1）频率管理与有效利用技术

无线通信是利用无线电波在空间传递信息的，所有用户共用同一个空间，因此不能在同一时间、同一场所、同一方向上使用相同频率的无线电波。某一用户发射了某一频率的电波就要限制其他用户使用相同的频率，否则就会形成干扰。当前移动通信发展所遇到的最突出问题就是如何把有限的可用频率有效地提供给越来越多的用户使用，并且不产生相互干扰。这就涉及频率管理与有效利用技术。

1）频率管理。我国三大运营商的频率分配情况如图 5—1—4 所示。

2）无线信道。信道是对无线通信中发送端与接收端之间通路的一种形象比喻。对于无线电波而言，它从发送端传送到接收端，其间并没有一个有形的连接，它的传播路径不可能只有一条，但是为了形象地描述发送端与接收端之间的工作，可以想象两者之间有一个看不见的道路衔接，把这条衔接通路称为信道。

3）频率有效利用技术

①信道的窄带化。这样可以得到更多的载波信道，可选的一种信道配置方法如图 5—1—5 所示。

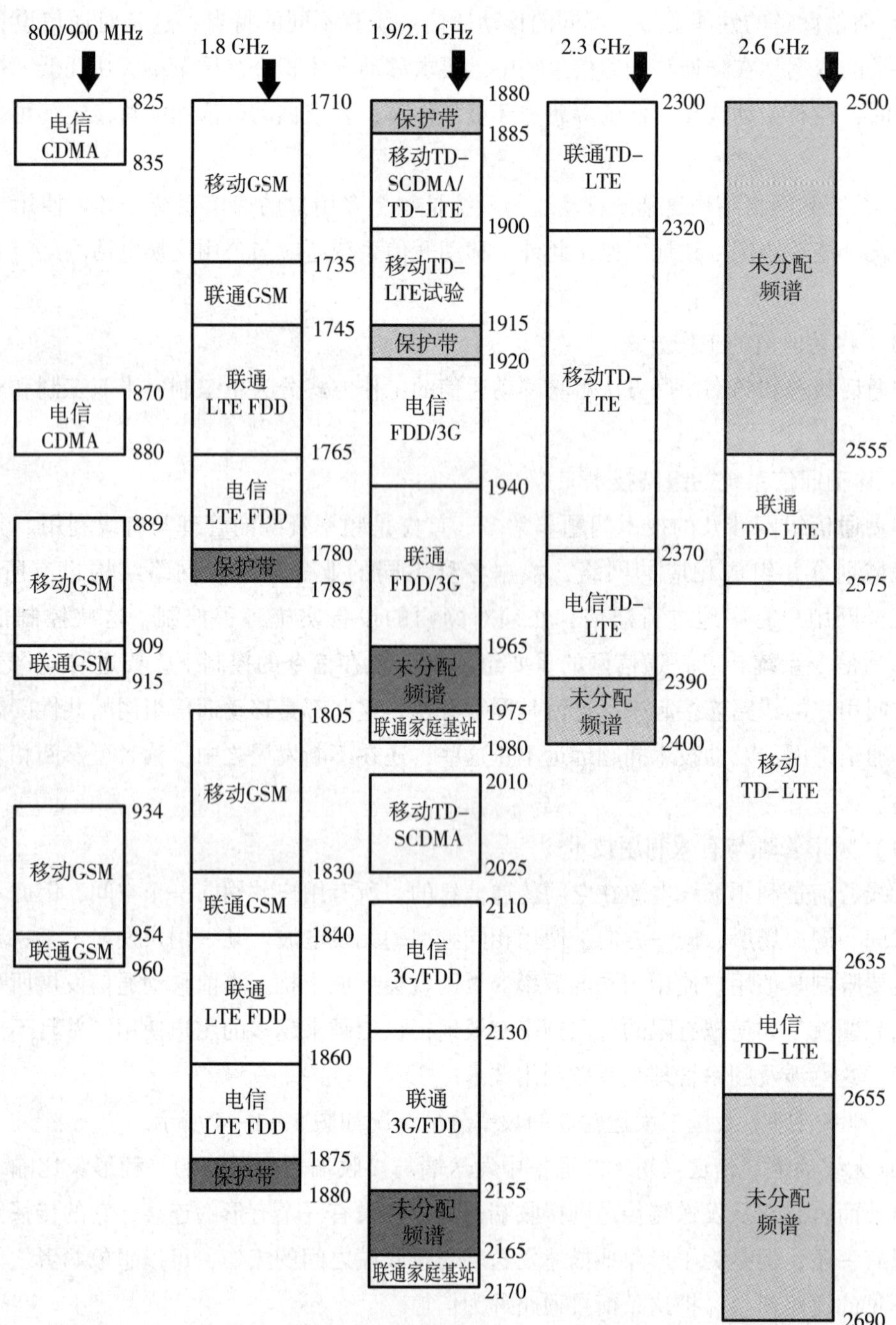

图 5—1—4　我国三大运营商的频率分配情况

②复用技术。复用技术是指一种在传输路径上综合多路信道，然后恢复原机制或解除终端各信道复用技术的过程。常见的复用技术有频分复用（FDM）、时分复用（TDM）、码分复用（CDM）和波分复用（WDM）。

③多址技术。应用宽带多址技术，可在一个载波信道上传输多个用户信息，从而增加系统容量。

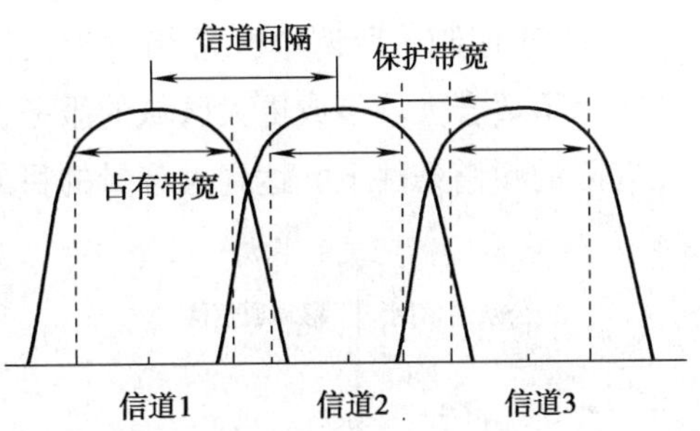

图 5—1—5　无线信道的配置方法

（2）区域覆盖与网络结构

任何移动通信网都有一定的服务区域，无线电波辐射必须覆盖整个区域。由甚高频无线电波（VHF）和特高频无线电波（UHF）的传播特性可知，一个基站能在其天线高度的视距范围内为移动用户提供服务，这样的覆盖区称为一个无线电区，或简称小区。通信网的服务范围若很大，或者地形很复杂，则需用几个小区才能覆盖整个服务区。例如，公路、铁路、海岸等就需要用若干个小区的带状网络才能进行覆盖，如图 5—1—6 所示。

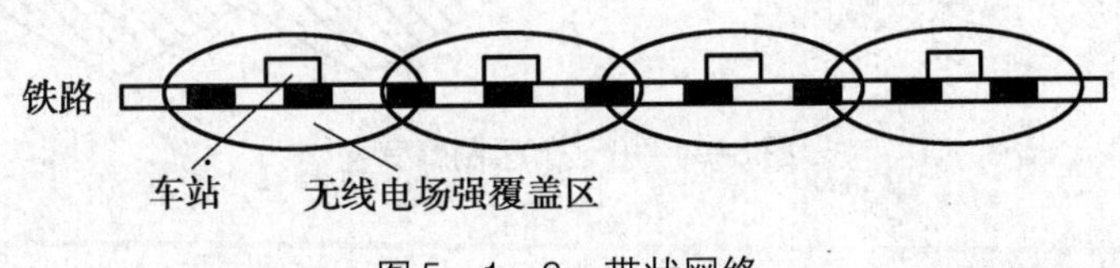

图 5—1—6　带状网络

1）大区制。所谓大区制是指在一个比较大的区域（如一个城市）中，只设置一个基站，由它负责移动通信的联络和控制，如图 5—1—7 所示。大区制的特点是只有一个基站，服务（覆盖）面积大，因此所需的发射功率也较大。

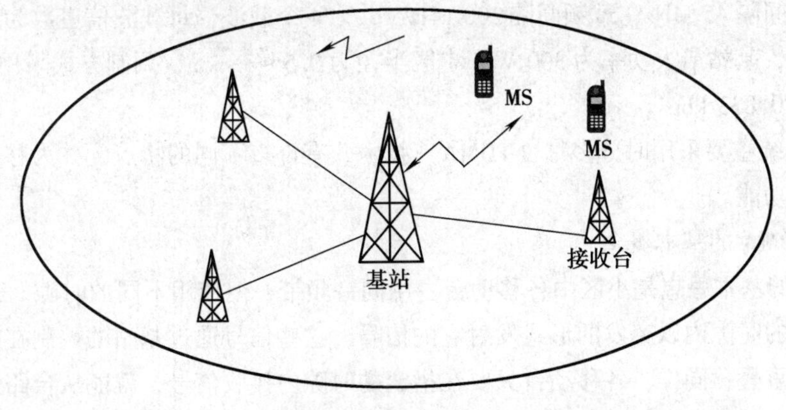

图 5—1—7　大区制

2）小区制。所谓小区是相对于大区而言的，由于大区制的主要缺点是系统容量不高，为了适合大城市或更大区域的服务，必须突破这一限制。采用小区制组网方式，可以在有限的频谱条件下，达到大容量的目的，如图5—1—8所示。

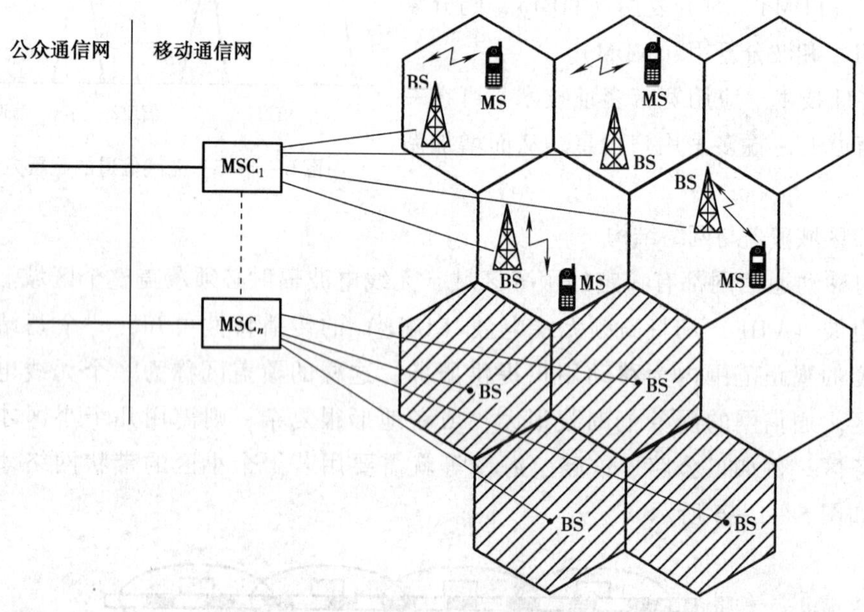

图5—1—8　小区制蜂窝网

二、GSM移动通信系统

1．GSM系统概述

GSM移动通信系统属于第二代移动通信系统，采用频分复用和时分复用相结合的方式扩大系统容量，我国参照GSM标准制定了自己的技术要求，使用900 MHz和1 800 MHz频段，收发间隔45 MHz，载频间隔200 kHz，共124个载波，每载波信道数为8个（可扩展到16个），基站最大功率为300 W，小区半径为0.5～35 km，调制方式采用GMSK，传输速率为270.833 kbps。

GSM系统主要采用时分多址（TDMA）技术，有许多不同的特点，并为移动用户提供广泛的业务功能。

（1）TDMA的基本概念

TDMA的基本思想是小区中各移动台占用同一频带，但使用不同的时隙。通常各移动台只在规定的时隙内以突发的形式发射它的信号，这些信号通过基站的控制在时间上依次排列、互不重叠；同样，各移动台只要在指定的时隙内接收信号，就能从合路信号中把发给它的信号区别出来。

TDMA将时间分成周期性的帧，每一帧再分割成若干时隙（不论帧还是时隙都是互不重叠的），每个时隙就是一个通信信道，分配给一个用户。

（2）系统结构

GSM 系统总体结构如图 5—1—9 所示，主要由以下功能单元组成。

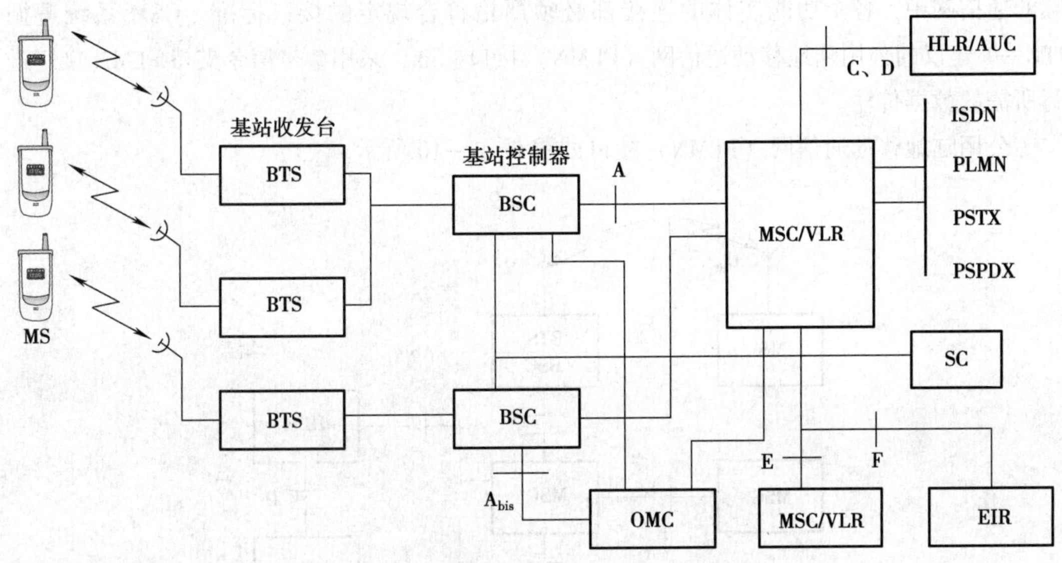

图 5—1—9　GSM 移动通信系统的结构

1）移动台（MS，Mobile Station）。包括移动设备（ME，Mobile Equipment）和用户识别模块（SIM，Subscriber Identity Model）。

2）基站子系统（BSS，Base Station System）。在一定的无线覆盖区中，由移动业务交换中心控制，与 MS 进行通信的系统设备。

3）移动业务交换中心（MSC，Mobile Switching Center）。对位于它管辖区域中的移动台进行控制、交换的功能实体。

4）访问位置寄存器（VLR，Visitor Location Register）。

5）归属位置寄存器（HLR，Home Location Register）。管理部门用于移动用户管理的数据库。每个移动用户都应在其归属位置寄存器注册登记。

6）设备号识别寄存器（EIR，Equipment Identify Register）。存储有关移动台设备参数的数据库，主要完成对移动设备的识别、监视、闭锁等功能。

7）鉴权中心（AUC，Authentication Center）。认证移动用户的身份和产生相应鉴权参数（随机数 RAND、符号响应 SRES、密钥 Kc）的功能实体。

8）操作维护中心（OMC，Operations and Maintenance Center）。网络操作者对全网进行监控和操作的功能实体。

通常 HLR、AUC、EIR 设置在一个物理实体中；MSC、VLR 设置在一个物理实体中；MSC、VLR、HLR、AUC、EIR 也可以都设置在一个物理实体中。

2. GSM 网络接口

前面介绍了 GSM 数字蜂窝移动通信系统中各个功能实体的主要功能。由于网络规模不同、运营环境不同和设备生产厂家不同，为了使各个厂家所生产的设备可以通用，在实际的通信网中，各个功能实体的连接都必须严格符合规定的接口标准。GSM 系统遵循 ITU—T 建议的公用陆地移动通信网（PLMN）接口标准，采用 7 号信令支持 PLMN 接口进行所需的数据传输。

公用陆地移动通信网（PLMN）接口如图 5—1—10 所示。

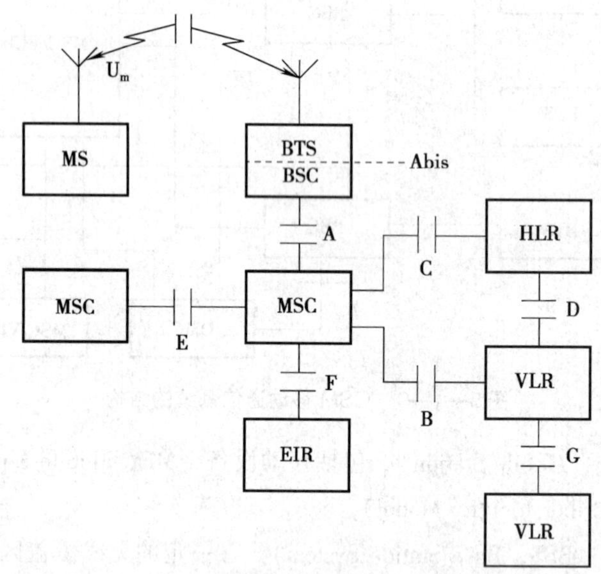

图 5—1—10 公用陆地移动通信网（PLMN）接口

3. GSM 系统的无线接口（U_m 接口）

GSM 系统的无线接口就是移动台与基站子系统（BSS）之间的接口，即 U_m 接口，也称为空中接口。下面讨论无线接口的几个主要内容，包括频率配置和业务类型。

（1）频率配置

在 GSM 时代，中国移动开通了 GSM 900 和 DCS 1800 系统，中国联通开通了 GSM 900 和 GMS 1800 系统。

在 900 MHz 频段，890 ~ 915 MHz（上行）、935 ~ 960 MHz（下行）各 25 MHz，双工间隔为 45 MHz，信道间隔为 200 kHz，共 124 个信道，每个信道有 8 个时隙。在 1 800 MHz 频段，1 710 ~ 1 785 MHz（上行）、1 805 ~ 1 880（下行）各 75 MHz，双工间隔为 95 MHz，信道间隔也是 200 kHz，共 374 个信道，每个信道有 8 个时隙。

（2）业务类型

1）话音业务。0.3 ~ 3.4 kHz 的话音信号在 GSM 系统中经过话音编码变为速率为

13 kbps 的数据流，语音编码方式采用波形编码和参量编码相结合的混合编码，其编码器全称为线性预测编码—长期预测编码—规则脉冲激励编码器（LPC—LTP—RPE 编码器），其中 LPC—LTP 为参量编码（声码）器，速率为 3.6 kbps，RPE 为波形编码器，速率为 9.4 kbps。

2）数据业务。可提供 2.4 kbps、4.8 kbps 和 9.6 kbps 的透明数据业务，还可提供 12.0 kbps 的非透明数据业务。

三、第三代移动通信技术

第一代移动通信系统采用频分多址（FDMA）的模拟调制方式，这种系统的主要缺点是频谱利用率低，信令干扰语音业务。第二代移动通信系统（如 GSM 系统）主要采用时分多址（TDMA）的数字调制方式，提高了系统容量，并且采用独立信道传送信令，使系统性能大为改善，但 TDMA 的系统容量仍然有限，越区切换性能仍不完善。CDMA 是第三代移动通信系统的技术基础。第三代移动通信致力于为用户提供更好的语音、文本和数据服务，它极大地增加了系统容量，提高了通信质量和数据传输速率，但是要进行高质量的图像传输在速度上还达不到要求。

3G 与 2G 的主要区别是在传输语音和数据速率上的提升，它能够在全球范围内更好地实现无限漫游，并处理图像、音乐、视频流等多种媒体形式，提供网页浏览、电话会议、电子商务等多种信息服务，同时也考虑与已有第二代系统的良好兼容性。

3G 系统的三大主流标准分别是中国联通运营的 WCDMA（宽带 CDMA）、中国电信运营的 CDMA 2000 和中国移动运营的 TD - SCDMA（时分双工同步 CDMA）。这三种标准的基础技术指标见表 5—1—1。

表 5—1—1　　3G 的三种基础技术指标

制式	WCDMA	CDMA 2000	TD - SCDMA
采用国家和地区	欧洲、美国、中国、日本、韩国等	美国、韩国、中国等	中国
继承基础	GSM	窄带 CDMA（IS - 95）	GSM
双工方式	FDD	FDD	TDD
同步方式	异步/同步	同步	同步
码片速率	3.84 Mchip/s	1.228 8 Mchip/s	1.28 Mchip/s
信号带宽	2 × 5 MHz	2 × 1.25 MHz	1.6 MHz
峰值速率	384 kbps	153 kbps	384 kbps
核心网	GSM MAP	ANSI - 41	GSM MAP
标准化组织	3GPP	3GPP2	3GPP

从表5—1—1中可以看出，WCDMA和CDMA 2000属于频分双工方式（FDD，Frequency Division Duplex），而TD－SCDMA属于时分双工方式（TDD，Time Division Duplex）。WCDMA和CDMA 2000是上下行独享相应的带宽，上下行之间需要频率间隔以避免干扰；TD－SCDMA是上下行采用同一频谱，上下行之间需要时间间隔以避免干扰。

四、第四代移动通信技术

1. 4G的特点

3G系统仍存在很多不足，如采用电路交换，而不是纯IP方式；传输速率无法满足用户高带宽要求；多种标准难以实现全球漫游等。3G的局限性推动了下一代移动通信系统——4G的研究。随着宽带无线接入概念的出现，WiFi和WiMAX等无线接入方案迅猛发展，为了维持在移动通信行业中的竞争力和主导地位，第三代合作伙伴计划（3rd Generation Partnership Project，3GPP）在2004年启动了长期演进技术（Long Term Evolution，LTE），以实现3G技术向4G的平滑过渡。LTE作为4G无线标准称为第四代移动通信技术，简称4G。该技术包括TD－LTE和FDD－LTE两种制式，它有如下特点：

（1）通信速度快

从移动通信系统数据传输速率来比较，第一代模拟式仅提供语音服务；第二代移动通信系统传输速率为9.6 kbps，最高可达32 kbps，如PHS；第三代移动通信系统数据传输速率可达2 Mbps；而第四代移动通信系统传输速率可达20 Mbps，最高可达100 Mbps，这种速度相当于2009年最新手机传输速度的1万倍左右，或者第三代手机传输速度的50倍左右。

（2）网络频谱宽

4G通信如达到100 Mbps的传输速率，每个4G信道约占有100 MHz的频谱，它相当于WCDMA 3G网络的20倍。

（3）通信灵活

4G手机的功能已不能简单划归“电话机”的范畴，毕竟语音资料的传输只是4G移动电话的功能之一，4G通信使人们不仅可以随时随地通信，还可以双向下载传递资料、图画、影像，网上联线打游戏等。

（4）智能性高

第四代移动通信的智能性高，不仅表现为4G通信终端设备的设计和操作具有智能化，例如对菜单和滚动操作的依赖程度会大大降低，更重要的是4G手机可以被看作是一台手提电视，用来观看体育比赛之类的各种现场直播。

（5）兼容性好

4G通信不仅功能强大，而且具备全球漫游，接口开放，能与多种网络互联，终端多样化以及能从第二代平稳过渡等特点。

（6）提供增值服务

4G 移动通信系统技术以正交多任务分频技术（OFDM）备受瞩目，利用这种技术可以实现无线区域环路（WLL）、数字音频广播（DAB）等方面的无线通信增值服务。

（7）频率效率高

与第三代移动通信技术相比，第四代移动通信技术引入许多功能强大的突破性技术，所以无线频率的使用比第二代和第三代有效得多。

（8）费用便宜

由于 4G 通信不仅解决了与 3G 通信的兼容性问题，让更多的现有通信用户能轻易地升级到 4G 通信，而且 4G 通信引入了许多尖端的通信技术，这些技术保证了 4G 通信能提供一种灵活性非常高的系统操作方式，因此 4G 通信部署起来就迅速得多。同时，在建设 4G 通信网络系统时，通信运营商们直接在 3G 通信网络的基础设施之上，采用逐步引入的方法，这样有效地降低了运行者和用户的费用。

2. LTE 的关键技术

（1）双工方式

LTE 支持 FDD、TDD 两种双工方式。在 3G 的三大国际标准中，WCDMA 和 CDMA 2000 系统也采用了 FDD 双工方式，而 TD－SCDMA 系统采用的是 TDD 双工方式。FDD 双工采用成对频谱资源配置，上下行传输信号分布在不同频带内，并设置一定的频率保护间隔，以免产生相互干扰。由于 TDD 双工方式采用非成对频谱资源配置，具有更高的频谱效率，所以在第四代移动通信系统 IMT－Advanced 中得到了广泛的应用，能满足更高带宽的要求。

（2）多址方式

多址接入技术（Multiple Access Techniques）是用于基站与多个用户之间通过公共传输媒质建立多条无线信道连接的技术。

移动通信系统中常见的多址技术包括频分多址（FDMA）、时分多址（TDMA）、码分多址（CDMA）和空分多址（SDMA）。FDMA 是以不同的频率信道实现通信，TDMA 是以不同的时隙实现通信，CDMA 是以不同的代码序列实现通信，SDMA 是以不同的方位信息实现通信。

正交频分多址接入（OFDMA，Orthogonal Frequency Division Multiple Access）技术是后 3G 时代最主要的一种接入技术。其基本思想是将高速数据流分散到多个正交的子载波上传输，从而使单个子载波上的符号速率大大降低，符号持续时间大大加长，对因多径效应产生的时延扩展有较强的抵抗力，减少了符号间干扰（ISI，Inter Symbol Interference）的影响。

（3）MIMO 天线技术

MIMO（Multiple Input Multiple Output）天线技术是指利用多发射、多接收天线进行空间分集的技术。它采用分立式多天线，能够有效地将通信链路分解成为许多并行的子信道，从而大大提高容量。在下行链路，多天线发送方式主要包括发送分集、波束赋形、空时预编码以及多用户 MIMO 等；而在上行链路，多用户组成的虚拟 MIMO 也可以提高系统的上行容量。

下行链路多天线传输支持 2 根或 4 根天线。码字最大数目是 2，与天线数目没有必然关系，但是码字和层之间有固定的映射关系。

MIMO 天线技术包括空分复用（SDM，Spatial Division Multiplexing）、发射分集（Transmit Diversity）等技术。SDM 支持单用户 MIMO（SU－MIMO）和多用户 MIMO（MU－MIMO）。当一个 MIMO 信道都分配给一个用户时，称之为 SU－MIMO；当 MIMO 数据流空分复用给不同的用户时，称之为 MU－MIMO。

上行链路一般采用单发双收的 1×2 天线配置，也可以支持 MU－MIMO，即每个用户使用一根天线发射，但是多个用户组合起来使用相同的时频资源，以实现 MU－MIMO。

另外，FDD 还可以支持闭环类型的自适应天线选择性发射分集（该功能属于用户可选功能）。

（4）链路自适应

移动通信的无线传输信道是一个多径衰落、随机时变的信道，这使得通信过程存在不确定性。AMC 链路自适应技术能够根据信道状态信息确定当前信道的容量，根据容量确定合适的编码调制方式，以便最大限度地发送信息，提高系统资源的利用率。

相比在多址方式上的重大修改，TD－LTE 在调制方面基本沿用了原来的技术，没有增加新的选项。TD－LTE 制定了多种调制方案，其下行主要采用四相相移键控（QPSK，Quadrature Phase Shift Keying）、16 正交幅度调制（QAM，Quadrature Amplitude Modulation）和 64QAM 三种调制方式，上行主要采用位移二进制相移键控（BPSK，Binary Phase Shift Keying）、QPSK、16QAM 和 64QAM 四种调制方式。LTE 各物理信道选用的调制方式见表 5—1—2。

表 5—1—2　　　　LTE 各物理信道选用的调制方式

上行链路		下行链路	
信道类型	调制方式	信道类型	调制方式
PUSCH	QPSK、16QAM、64QAM	PDSCH	QPSK、16QAM、64QAM
PUCH	BPSK、QPSK	PBCH、PCFICH、PDCCK	QPSK

下行链路自适应：主要指自适应调制编码（AMC，Adaptive Modulation and Coding）通过各种不同的调制方式（QPSK、16QAM 和 64QAM）和不同的信道编码率来实现。

上行链路自适应：包括三种链路自适应方法——自适应发射带宽、自适应发射功率控制和自适应调制及信道编码率。

自适应调制和编码 AMC 技术的基本原理是在发送功率恒定的情况下，动态地选择适当的调制和编码方式（MCS，Modulation and Coding Scheme），确保链路的传输质量。当信道条件较差时，降低调制等级和信道编码速率；当信道条件较好时，提高调制等级和编码速率。AMC 技术实质上是一种变速率传输控制方法，能适应无线信道衰落的变化，具有抗多径传播能力强、频率利用率高等优点，但其对测量误差和测量时延敏感。

在发送端，经编码后的数据根据所选定的调制方式调制后，经成形滤波器滤波后进行上变频处理，将信号发射出去。在接收端，接收信号经过前端接收后，所得到的基带信号需要进行信道估计。信道估计的结果一方面送入均衡器，对接收信号进行均衡，以补偿信道对信号幅度、相位、时延等的影响；另一方面信道估计的结果将作为调制方式选择的依据，根据估计出的信道特性，按照一定的算法选择适当的调制方式。在 TD－LTE 系统中定义了 29 种调制编码方案（MCS），其调制方式分别是 QPSK、16QAM 和 64QAM。

TD－LTE 系统在进行 AMC 的控制过程中，对于上下行有着不同的实现方法，具体如下。

1）下行 AMC 过程：通过反馈的方式获得信道状态信息，终端检测下行公共参考信号，测量下行信道质量，并将测量的信息通过反馈信道反馈到基站侧，基站侧根据反馈的信息调整相应的下行传输 MCS 格式。

2）上行 AMC 过程：与下行 AMC 过程不同，上行过程不再采用反馈方式获得信道质量信息。基站侧通过测量终端发送的上行参考信号，测量上行信道质量；基站根据所测得信息调整上行传输格式并通过控制信令通知用户。

（5）混合自动重传请求（HARQ）

在移动通信系统中，由于无线信道时变特性和多径衰落对信号传输带来的影响以及一些不可预测的干扰导致信号传输失败，需要在接收端检测并纠正错误，即差错控制技术。随着通信系统飞速发展，对数据传输的可靠性要求也越来越高。差错控制技术，即对所传输的信息附加一些保护数据，使信号的内部结构具有更强的规律性和相互关联性，这样，当信号受到信道干扰导致某些信息结构发生差错时，仍然可以根据这些规律发现错误、纠正错误，从而恢复原有的信息。

在数字通信系统中，差错控制机制基本分为两种：前向纠错（FEC，Forward Error Correction）方式和自动重传请求（ARQ，Automatic Repeat Request）方式。

FEC 系统只有一个信道，能自动纠错，不需要重发，因此时延小、实时性好。但不同码率、码长和类型的纠错码的纠错能力不同，当 FEC 单独使用时，为了获得比较低的误码率，往往必须以最坏的信道条件来设计纠错码，因此所用纠错码的冗余度较大，这就降低了编码效率，且实现的复杂度较大。FEC 技术只适用于没有反向信道的系统中。

自动重传请求（ARQ）技术中，数据包重传的次数与信道的干扰情况有关，若信道干扰较强，质量较差，则数据包可能经常处于重传状态，信息传输的连贯性和实时性较差，但编译码设备简单，较容易实现。ARQ 技术以吞吐量为代价换取可靠性的提高。

结合 FEC、ARQ 两种差错控制技术各自的特点，将 FEC 和 ARQ 两种差错控制方式结合起来使用，即混合自动重传请求（HARQ，Hybrid Automatic Repeat Request）机制。在 HARQ 中采用 FEC 减少重传的次数，降低误码率，使用 ARQ 的重传和 CRC 校验来保证分组数据传输等要求误码率极低的场合。该机制结合了 ARQ 方式的高可靠性和 FEC 方式的高通过效率，在纠错能力范围内自动纠正错误，超出纠错范围则要求发送端重新发送。

TD－LTE 系统采用 N 通道的停等式 HARQ 协议，系统中配置相应的 HARQ 进程数。在等待某个 HARQ 进程的反馈信息过程中，可以继续使用其他的空闲进程传输数据包。从重传的时序安排角度，可将 HARQ 分为同步 HARQ 和异步 HARQ。

1）同步 HARQ：每个 HARQ 进程的时域位置被限制在预定义的位置，接收端预先已知重传发生的时刻，因此不需要额外的信令开销来指示 HARQ 进程的序号，也不需要额外的重传控制信令，此时 HARQ 进程的序号可以从子帧号获得。但是，如果同时发送多个同步 HARQ 进程，就需要额外的信令指示。

2）异步 HARQ：不限制 HARQ 进程的时域位置，一个 HARQ 进程可以发生在任何时刻，接收端预先不知道传输发生的时刻，此时需要通过额外的重传控制信令来指示 HARQ 进程的位置。这种方式在调度方面的灵活性更高，但是增大了系统的信令开销。

除重传的位置外，根据重传时的数据特征是否发生变化，又可以将 HARQ 的工作方式分为自适应 HARQ 和非自适应 HARQ 两种。

1）自适应 HARQ：在每次重传的过程中，发送端可以根据无线信道条件，自适应地调整每次重传采用的资源块（RB，Resource Block）、调制方式、传输块大小、重传周期等参数。这种方法可看作 HARQ 和自适应调度、自适应调制和编码的结合，可以提高系统在时变信道中的频谱效率。但是，每次传输的过程中，包含传输参数的控制信令信息要一并发送，HARQ 流程的复杂度就相应提高了。

2）非自适应 HARQ：各次重传均采用预定义好的传输格式，发送端和接收端均预先知道各次重传的资源数量、位置、调制方式等参数，因此包含传输参数的控制信令信息在非自适应系统中不需要传送。

在 TD－LTE 系统中，为了获得更好的合并增益，其上行或者下行链路中采用的是 TYPE－Ⅲ型的 HARQ。其中，下行采用异步自适应 HARQ 技术，上行采用同步非自适应 HARQ 技术。

（6）小区干扰抑制和协调

现有的蜂窝移动通信系统提供的数据率在小区中心和小区边缘有很大的差异，不仅影响了整个系统的容量，而且使用户在不同位置的服务质量有很大的波动。小区间干扰（ICI，Inter - Cell Interference）是蜂窝移动通信系统中的一个固有问题。LTE采用正交频分多址接入（OFDMA）技术，依靠频率之间的正交性作为区分用户的方式，比CDMA技术更好地解决了小区内的干扰问题。但是作为代价，OFDM系统带来的ICI问题可能比CDMA系统更严重。对于小区中心用户来说，其本身离基站的距离就比较近，而外小区的干扰信号距离较远，则其信噪比相对较大；但是对于小区边缘的用户，由于相邻小区占用同样载波资源的用户对其干扰比较大，加之本身距离基站较远，其信噪比相对就较小，导致虽然小区整体的吞吐量较高，但是小区边缘的用户服务质量较差，吞吐量较低。因此，在LTE中，小区间干扰抑制技术非常重要。

3GPP提出了多种解决干扰的方案，包括干扰随机化、干扰消除和干扰协调技术。其中，干扰随机化利用干扰的统计特性对干扰进行抑制，误差较大。干扰消除技术可以明显改善小区边缘的系统性能，获得较高的频谱效率，但是它对带宽较小的业务不太适用，系统实现比较复杂。干扰协调技术最为简单，能很好地抑制干扰，可以应用于各种带宽的业务中。

思考与练习

1．填空题

（1）所谓移动通信是指通信的双方至少有一方是在________中进行信息交换的通信。它包括____________之间的通信、____________________之间的通信。

（2）在移动通信系统中，________表示移动台，__________表示基站，__________表示移动业务交换中心。

（3）当移动台（MS）以一定的速度 v 移动的时候，基站（BS）接收到移动台的载波频率将随速度 v 的不同产生不同的频移，这种现象称为________效应。

（4）移动通信系统一般可分为小容量的__________制和大容量的________制。

（5）在移动通信系统中，常使用的多址方式有：______、______、______和______。

2．判断题

（1）所有国家的移动通信系统都采用GMSK调制方式。（　　）

（2）GSM系统中的语音编码是波形编码和参量编码相结合的混合编码。（　　）

（3）GSM系统的多址方式是频分多址和时分多址相结合的多址方式。（　　）

（4）在FDD方式中，任意两个移动用户之间进行通信都必须经过基站的中转，因此

必须同时占用4个信道才能实现双工通信。 ( )

3. 简述题

(1) 简要说明移动通信系统的组成。

(2) LTE 技术采用了哪些关键技术?

§5—2 数字光纤通信系统

1. 了解光纤、光缆的有关知识。
2. 了解光纤通信系统的组成和工作原理。

现在，网络已经成为人们生活和工作中的一部分。随着各个地区“光网城市”“铜退光进”工作的开展，光纤到户得到普及，让更多城乡居民享受到了数字化生活。那么究竟什么是光纤呢？光纤通信是如何实现的呢？

光纤的全称为光导纤维，它是一种能够导光的、直径很细的透明玻璃丝，是一种新的传输介质。光纤通信是以光波为载波，以光纤为传输媒介的通信技术。随着科学技术的迅速发展，人们对通信的要求越来越高。为了扩大通信的容量，有线通信从明线发展到电缆，无线通信从短波发展到微波和毫米波，它们都是通过提高载波频率来扩大通信容量的。由于光纤传输的光波要比无线电通信使用的频率高得多，所以其通信容量就比无线通信大得多。因此，光纤通信具有频带极宽、通信容量极大、传输损耗小、保密性好、抗电磁干扰、体积小、重量轻等一系列优点，因而在国内外得到极大的发展和应用。

一、光纤

光纤通信中采用的传输媒介是光纤，光纤与加强元件、外护层等组合而成光缆。光缆根据实际需要采用不同的加工工艺做成，外形和性能也各不相同。图5—2—1所示是一种普通光缆的外形图，图5—2—2所示是一种特种光缆——光纤复合架空地线(OPGW)。

光信号是利用光的全反射原理在光纤中传播的，如图5—2—3所示。纤芯的折射率为n_1，包层的折射率为n_2，当$n_2 < n_1$时，光信号以一定的入射角进入光纤，按照光学的全反射原理，光信号在光纤中传播，经过弯曲的路径也不会射出光纤之外。

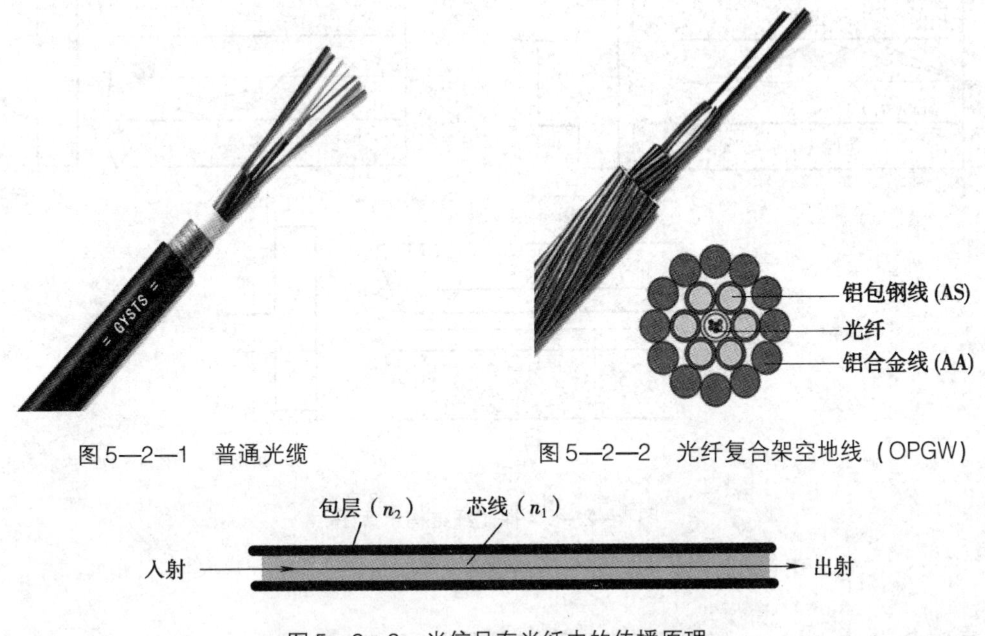

图 5—2—1　普通光缆

图 5—2—2　光纤复合架空地线（OPGW）

图 5—2—3　光信号在光纤中的传播原理

光纤由纤芯、包层、涂覆层、套塑四部分组成。包层的外面涂覆一层很薄的涂覆层，涂覆的材料为硅铜树脂，涂覆层的外面套塑，套塑的原料大都为尼龙、聚乙烯或聚苯烯等塑料，如图 5—2—4 所示。

纤芯
包层
一次涂覆（涂覆层）
二次涂覆（套塑）
$2a$
$2b$

图 5—2—4　光纤的结构

光纤一般以光波的传播模式分类，主要有两类：多模光纤和单模光纤。

1. 多模光纤

多模光纤即能承受多个模式的光纤，如图 5—2—5a 和图 5—2—5b 所示。ITU—T 对渐变型多模光纤的主要参数做了规定（见表 5—2—1）。多模光纤的纤芯直径一般为 50 μm 或 62. 5 μm，这种光纤结构简单、易于实现，接头连接要求不高，用起来方便，价格较便宜。因而在早期的数字光纤通信系统中被广泛采用，但这种光纤传输带宽窄、衰耗大、时延差大，现在正逐步被单模光纤取代。

2. 单模光纤

单模光纤即只能传送单一基模的光纤，如图 5—2—5c 所示。ITU—T 对单模光纤的主要参数也做了规定（见表 5—2—2）。这种光纤从时域看不存在时延差，从频域看传输信号的带宽比多模光纤宽得多，有利于高码率信息长距离传输。单模光纤的纤芯直径一般为 4 ~ 10 μm，包层即外层直径一般为 125 μm，比多模光纤小得多。

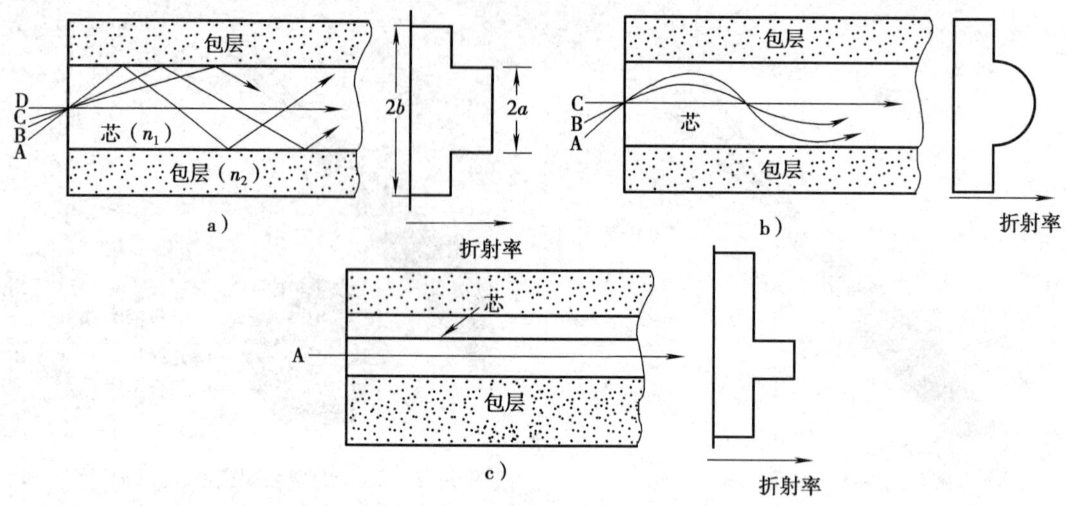

图 5—2—5　裸光纤结构示意图

a）阶跃型多模光纤（SI）　b）渐变型多模光纤（GI）　c）单模光纤

表 5—2—1　　渐变型多模光纤的主要参数（G.651 建议）

<table>
<tr><td rowspan="2">几何特性</td><td>芯径</td><td>包层直径</td><td>同心度误差</td><td>不圆度</td></tr>
<tr><td>50 μm ±6%</td><td>125 μm ±2.4%</td><td><6%</td><td>芯 <6%，包层 <2%</td></tr>
<tr><td>波长</td><td colspan="2">850 nm</td><td colspan="2">1 300 nm</td></tr>
<tr><td>数值孔径（NA）</td><td colspan="4">(0.18 ~ 0.24) ±0.02（我国规定为 0.20 ±0.02）</td></tr>
<tr><td>折射率分布</td><td colspan="4">近似抛物线</td></tr>
<tr><td>损耗系数</td><td colspan="2">A　≤3.0 dB/km
B　≤3.5 dB/km
C　≤4.0 dB/km</td><td colspan="2">A　≤0.8 dB/km
B　≤1.0 dB/km
C　≤1.5 dB/km
D　≤2.0 dB/km
E　≤3.0 dB/km</td></tr>
<tr><td>模畸变带宽</td><td colspan="2">A　B_m ≥1 000 MHz
B　B_m ≥800 MHz
C　B_m ≥500 MHz
D　B_m ≥200 MHz</td><td colspan="2">A　B_m ≥1 200 MHz
B　B_m ≥1 000 MHz
C　B_m ≥800 MHz
D　B_m ≥500 MHz
E　B_m ≥200 MHz</td></tr>
<tr><td>色散系数</td><td colspan="2">≤120 ps/km · nm</td><td colspan="2">≤6 ps/km · nm</td></tr>
</table>

注：表格中 A、B、C、D、E 表示同一种光纤的不同类型。色散产生的原因是不同频率的光（颜色由频率决定）在同一物体中折射率不同而导致复色光被分解为多色光。

表 5—2—2　　1. 31 μm 单模光纤的主要参数（G. 652 建议）

截止波长（2 m 长度）		1 100 ~ 1 280 nm			
模场直径		(9 ~ 10) ± 10% μm			
包层直径		125 ± 2 μm			
模场不圆度		小于 6%			
包层不圆度		小于 2%			
模场/包层同心度误差		不大于 1 μm			
分级		A	B	C	D
损耗系数不大于(dB/km)	1 300 nm	0. 35	0. 50	0. 70	0. 90
	1 500 nm	0. 25	0. 30	0. 40	0. 50
总色散系数不大于(ps/nm · km)	1 287 ~ 1 330 nm	3. 5	3. 5	3. 5	3. 5
	1 270 ~ 1 340 nm	6	6	6	6
	1 550 nm	20	20	20	20

目前，光纤通信所使用的波长范围是在近红外区，即波长为 0. 8 ~ 1. 8 μm，其中 0. 8 ~ 0. 9 μm 称为短波长，1. 0 ~ 1. 8 μm 称为长波长。光纤通信采用的三个主要的通信波段是短波长段的 0. 85 μm、长波长段的 1. 31 μm 和 1. 55 μm。光纤的工作波长也称光纤的工作窗口（见图 5—2—6）。第一个工作窗口是以 0. 85 μm 为中心的一段波长（图中用两根竖线表示）。第二个工作窗口是以 1. 31 μm 为中心的一段波长。第三个工作窗口是以 1. 55 μm 为中心的一段波长。图中标 OH 处称为水峰，氢氧根（OH）在光纤工作波段上有三个吸收峰，会造成光纤衰减增大，分别为 0. 95 μm、1. 24 μm 和 1. 38 μm。由此图可以看出，在第一窗口光信号的衰减较大。

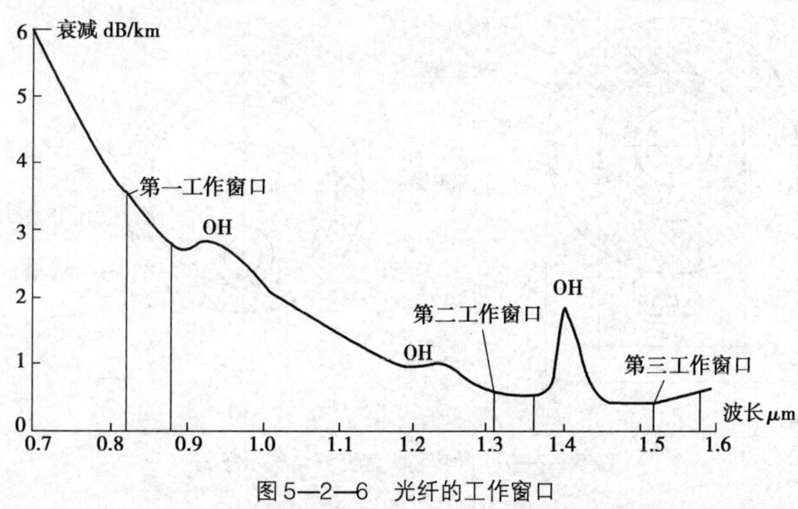

图 5—2—6　光纤的工作窗口

ITU—T 将单模光纤分为以下几种类型：

（1）G. 652 光纤称为常规单模光纤，也称为非零色散位移光纤或 1 310 nm 性能最佳光纤。

（2）G. 653 光纤称为零色散位移单模光纤，也称为 1 550 nm 性能最佳光纤。

（3）G. 654 光纤称为截止波长位移单模光纤，也称为 1 550 nm 损耗最小光纤。

（4）G. 655 光纤称为非零色散位移单模光纤，1 550 nm 处色散不为零，用于 DWDM 系统。

此外，近年来还出现了新一代的全波（All - Wave）单模光纤和真波（True Wave）光纤等，它们消除了水吸收峰，比传统单模光纤多 100 nm 的可使用波段，扩展到了第 5 波段（1 350 ~ 1 450 nm），可为 DWDM 提供 120 或更多信道。

二、光缆

1. 光缆的结构

为了使光纤能在工程中实用化，能承受工程中拉伸、侧压和各种外力作用，并具有一定的机械强度以使性能稳定，需将光纤制成不同结构、不同形状和不同种类的光缆。

根据不同的用途和条件，制成的光缆种类很多，但其基本结构是相同的，主要由缆芯、加强构件和护层组成。

（1）缆芯

缆芯是由光纤芯组成的，可分为单芯型和多芯型两种。单芯型由单根二次涂覆处理后的光纤组成。多芯型由多根经二次涂覆处理后的光纤组成，又可分为带状结构和单位式结构。目前，国内外对二次涂覆主要采用以下两种保护结构。

1）紧套结构。如图 5—2—7a 所示，在光纤与二次涂覆层之间有一个缓冲层，其目的是为了减少外应力对光纤的作用。缓冲层一般采用硅树脂，二次涂覆层采用尼龙。这种光纤的优点是结构简单、使用方便。

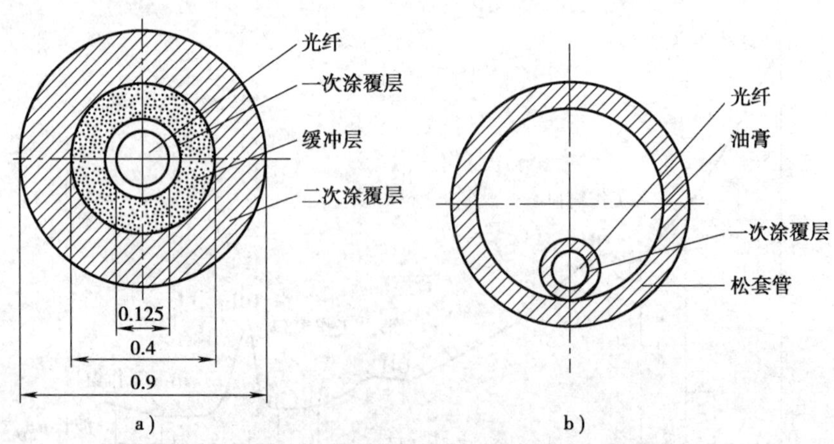

图 5—2—7　紧套和松套光纤结构示意图

a）紧套光纤　b）松套光纤

2）松套结构。如图 5—2—7b 所示，将一次涂覆后的光纤放在一个管子中，管中充入油膏，形成松套结构。这种光纤的优点是力学性能好、防水性好，便于成缆。

（2）加强构件

由于光纤的材料比较脆，容易断裂，为了使光缆便于承受敷设安装时所加的外力，在光缆内中心或四周要加一根或多根加强构件。加强构件的材料可采用钢丝或非金属的纤维，如增强塑料（FRP）。

（3）护层

光缆的护层主要是对光纤芯线起保护作用，使其避免受到外部机械力和环境的损坏。因此，要求护层具有耐压力、防潮、湿度特性好、重量轻、耐化学侵蚀和阻燃等特点。光缆的护层可分为内护层和外护层，内护层一般采用聚乙烯或聚氯乙烯等，外护层可根据敷设条件而定，可采用由铝带和聚乙烯组成的 LAP 外护套加钢丝铠装等。

2. 光缆的种类

光缆的分类方法很多，按光缆的用途不同，可将光缆分为普通光缆和特种光缆；按光缆的结构不同，可将光缆分为层绞式光缆、单位式光缆、骨架式光缆和带状式光缆等。

（1）层绞式光缆

层绞式光缆是将若干根光纤以加强构件为中心绞合成缆，如图 5—2—8a 所示，其特点是成本低。

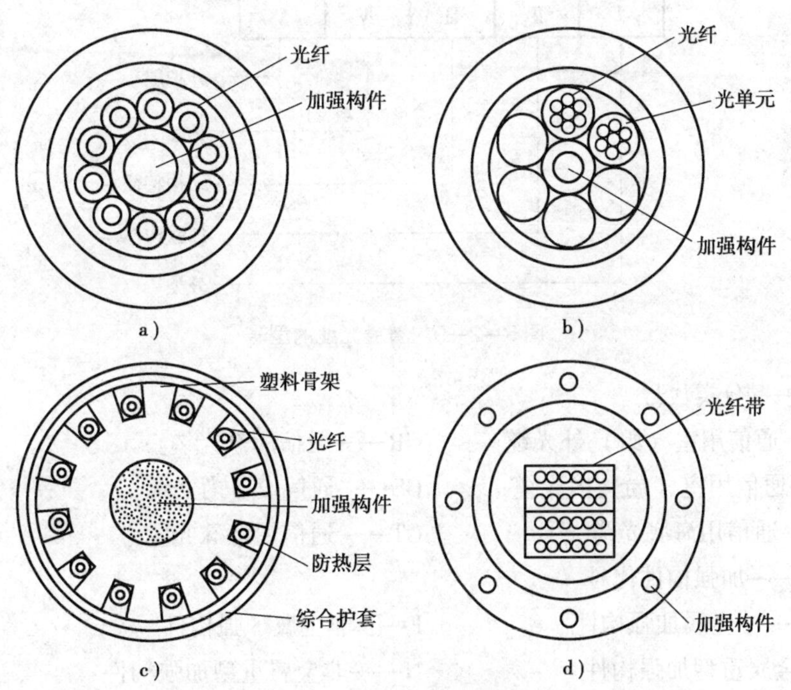

图 5—2—8　光缆的种类

a）层绞式光缆　b）单位式光缆　c）骨架式光缆　d）带状式光缆

（2）单位式光缆

单位式光缆是将几根至十几根光纤芯线集合成一个光单元，再由数个光单元以加强构件为中心绞合成缆，如图 5—2—8b 所示，其芯线数一般为几十芯。电力系统专用的 OPGW 光缆常常采用这种结构。

（3）骨架式光缆

骨架式光缆是将单根或多根光纤放入骨架的螺旋槽内，骨架中心是加强构件，骨架上的沟槽可以是 V 形、U 形或凹形，如图 5—2—8c 所示。由于光纤在骨架沟槽内具有较大空间，因此当光纤受到张力时，可在槽内做一定的位移，从而减少了光纤芯线的应力和应变，这种光纤具有耐侧压、抗弯曲、抗拉等特点。

（4）带状式光缆

带状式光缆是将 4 ~ 12 根光纤芯线排列成行，构成带状光纤单元（光纤带），再将多个带状单元按一定方式排列成缆，如图 5—2—8d 所示。这种光缆的结构紧凑，采用此种结构可做成上千芯的高密度用户光缆。

3. 普通光缆型号

（1）普通光缆型号的组成

普通光缆型号由五个部分组成，各部分均用代号表示，如图 5—2—9 所示。

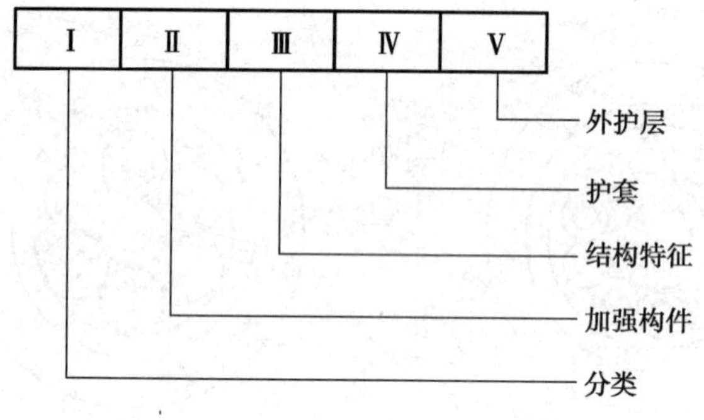

图 5—2—9　普通光缆的型号

1）Ⅰ——分类代号

GY——通信用室（野）外光缆　　GR——通信用软光缆

GJ——通信用室（局）内光缆　　GS——通信设备内光缆

GH——通信用海底光缆　　GT——通信用特殊光缆

2）Ⅱ——加强构件代号

无符号——金属加强构件　　F——非金属加强构件

C——金属重型加强构件　　H——非金属重型加强构件

3）Ⅲ——结构特征代号。表示缆芯的主要类型和光缆的派生结构，当光缆形式有几个结构特征需要注明时，可用组合代号表示，其组合代号按下列相应代号自上而下的顺序排列。

D——光纤带状结构　　X——缆中心管（被覆）结构

J——光纤紧套被覆结构　　T——油膏填充式结构

R——充气式结构　　E——椭圆结构

C——自承式结构　　Z——阻燃结构

B——扁平结构

如果无符号，则表示这种光缆是层绞式光纤松套被覆干式阻水结构。

4）Ⅳ——护套代号

Y——聚乙烯护套　　V——聚氯乙烯护套

U——聚氨酯护套　　A——铝—聚乙烯粘接护套

L——铝护套　　G——钢护套

Q——铅护套　　S——钢—铝—聚乙烯综合护套

5）V——外护层代号。外护层代号（数字）代表外护层所用材料，按铠装层和外被层结构顺序编列，每一数字代表所采用的主要材料（见表5—2—3）。

表5—2—3　外护层代号

数字标记	铠装层材料	数字标记	外被层材料
0	无铠装层	0	无外被层
2	双钢带	1	纤维层
3	细圆钢丝	2	聚氯乙烯套
4	粗圆钢丝	3	聚乙烯套

（2）典型普通光缆的名称和型号（见表5—2—4）

表5—2—4　典型普通光缆的名称、型号和用途

习惯名称	型号	全称	用途
中心束管式光缆	GYXTY	室外通信用金属加强构件中心管全填充夹带加强构件的聚乙烯粘接护套光缆	架空
	GYXTS	室外通信用单细圆钢丝铠装加强构件中心管全填充钢—聚乙烯粘接护套光缆	架空
	GYXTW	室外通信用金属加强构件中心管全填充夹带加强构件的钢—聚乙烯粘接护套光缆	架空、管道
金属加强构件骨架式光缆	GYXTA	室外通信用金属加强构件骨架全填充铝—聚乙烯粘接护套光缆	架空、管道
	GYGTS	室外通信用金属加强构件骨架全填充钢—聚乙烯粘接护套光缆	架空、管道、直埋

续表

习惯名称	型号	全称	用途
金属加强构件骨架式光缆	GYGTY53	室外通信用金属加强构件骨架全填充聚乙烯护套、皱纹钢带铠装聚乙烯外护层光缆	直埋
中心金属加强构件层绞式光缆	GYTA	室外通信用金属加强构件松套层绞全填充铝—聚乙烯粘接护套光缆	架空、管道
	GYTS	室外通信用金属加强构件松套层绞全填充钢—聚乙烯粘接护套光缆	架空、管道、直埋
	GYTA53	室外通信用金属加强构件松套层绞全填充铝—聚乙烯粘接护套、皱纹钢带铠装聚乙烯外护层光缆	架空、管道、直埋
	GYTY53	室外通信用金属加强构件松套层绞全填充聚乙烯护套、皱纹钢带铠装聚乙烯外护层光缆	架空、管道
	GYTA33	室外通信用金属加强构件松套层绞全填充铝—聚乙烯粘接护套、单细圆钢丝铠装聚乙烯外护层光缆	爬坡直埋
	GYTY53 +33	室外通信用金属加强构件松套层绞全填充聚乙烯护套、皱纹钢带聚乙烯层 + 单细圆钢丝铠装聚乙烯外护层光缆	直埋、水底
	GYTY53 +333	室外通信用金属加强构件松套层绞全填充聚乙烯护套、皱纹钢带聚乙烯层 + 双细圆钢丝铠装聚乙烯外护层光缆	直埋、水底
非金属光缆	GYFTY	室外通信用非金属加强构件松套层绞全填充聚乙烯护套光缆	架空
	GYFTY05	室外通信用非金属加强构件松套层绞全填充聚乙烯护套、无铠装聚乙烯保护层光缆	架空、槽道
高压电用光缆	ADSS	全介质自承式层绞式光缆	悬挂于高压输电塔上

续表

习惯名称	型号	全称	用途
阻燃光缆	GYTZS	室外通信用金属加强构件松套层绞全填充钢—阻燃护套光缆	架空、管道、防火场合
带状光缆	GYDXTW	室外通信用金属加强构件光纤带中心管全填充夹带加强构件的钢—聚乙烯粘接护套光缆	架空、管道、用户接入网
	GYDTY	室外通信用金属加强构件光纤带松套层绞全填充聚乙烯护套光缆	架空、管道、用户接入网
	GYDTY53	室外通信用金属加强构件光纤带松套层绞全填充聚乙烯护套、皱纹钢带铠装聚乙烯外护层光缆	架空、管道、用户接入网
	GYDGTY	室外通信用金属加强构件光纤带骨架全填充聚乙烯护套光缆	架空、管道、用户接入网

4．光纤的连接

（1）光纤连接的要求

1）插入损耗要小。插头的插入损耗大小直接影响光纤通信系统的无中继距离，一般要求接头的插入损耗小于0.3 dB。

2）接头要保证有足够的机械强度。光纤和光缆在敷设过程中要承受各种拉力、弯折和挤压，在外护层和护套的作用下光纤受到保护。在光纤的连接处，由于外护层和护套被剥去，光纤芯线受到较大的力，因此需要靠连接头来传递两根芯线外护层之间的拉力。

3）密封。用于防水和防潮。

4）操作方便。在大多数情况下，光纤的连接在施工现场进行，操作条件比较差，连接头的使用必须简单方便。

（2）连接类型

光纤的连接有两种情况：一种是永久连接，类似于电线电缆中的焊接；另一种是活动连接，类似于插头与插座的连接。

1）永久连接。永久连接是光缆工程中使用最普遍的一种，其特点是光纤一次性连接后不能拆卸。

光纤的熔接是通过加热的方法使已制备好的光纤端面连接在一起。具体过程是：先将光纤端面对齐，并且对接在一起，然后在两根光纤的连接处，使用电弧或激光脉冲加热，使光纤头尾端被熔化，进而连接在一起，如图5—2—10所示。该过程是在一个槽状光纤固定器里，在带有微型控制器的显微镜下完成的。

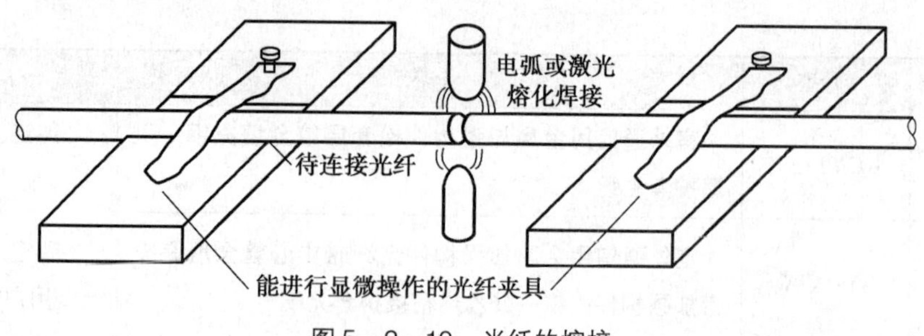

图 5—2—10　光纤的熔接

熔接法的特点是连接损耗低（典型的平均值小于 0.06 dB）、安全可靠、受外界影响小。

剥开光纤，采用光纤熔接机进行光纤熔接是目前光缆线路施工和维护的主要连接方法，但需要价格昂贵的熔接机。

2）活动连接。活动连接器是光纤传输系统中光通路的基础部件，是光纤通信系统中必不可少的光无源器件。它能实现光纤通信系统中设备之间、设备与仪表之间、设备与光纤之间以及光纤与光纤之间的活动连接，以便于系统接续、测试与维护。光纤活动连接器通常由以下三部分组成：

①光纤端接元件，保护和定位光纤端面。

②对准规，定位光纤端接元件对，使其耦合最佳。

③连接器外壳，保护接触面不受环境影响，将对准规和光纤端接元件固定在应有的位置，并端接光缆护套和应变元件。

光纤活动连接器按纤芯插针、插孔的数目不同可分为单芯活动连接器和多芯活动连接器两类。单芯活动连接器的基本结构是插针和插孔。由光纤连接损耗的计算可知，影响损耗的主要外在因素是相互连接的两根光纤纤芯之间的错位和倾斜。所以，要求插针中的纤芯与插孔有很高的同心度，相连的两根插针在插孔中能精确地对准。光纤活动连接器按结构不同可分有 LC 型、SC 型、FC 型等。图 5—2—11 所示是几种常见的光纤活动连接器。

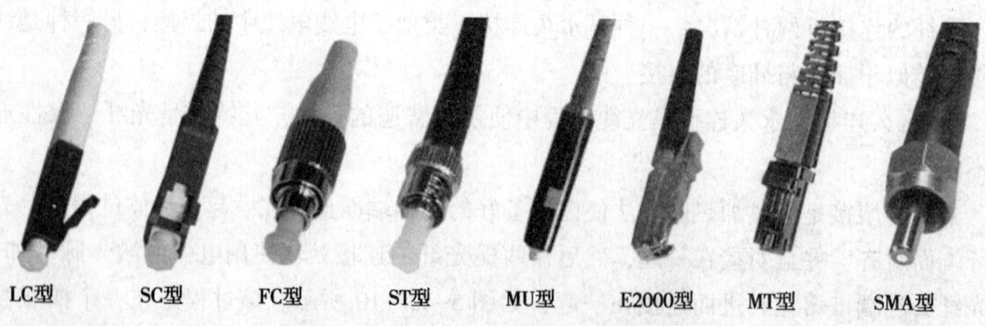

图 5—2—11　光纤活动连接器的类型

三、光纤通信系统的基本组成

光纤通信系统主要由光发射机、光纤、光接收机三个基本部分组成，如果进行远距离传输，还应在线路中间插入光中继器，如图 5—2—12 所示。

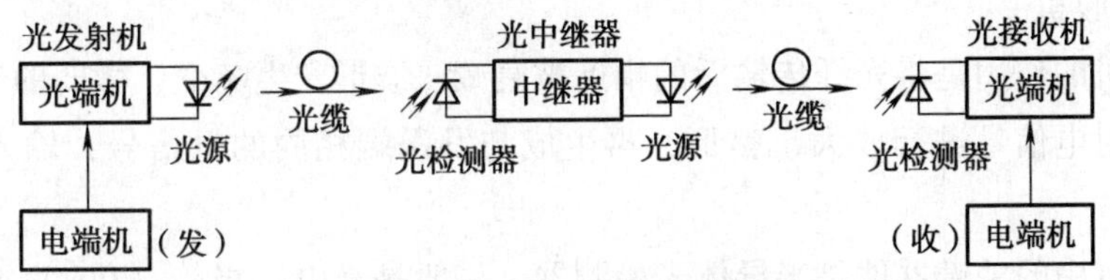

图 5—2—12　光纤通信系统的组成框图

实用光纤通信系统一般都是双向的，因此其系统包含了正反两个方向的基本组成，并且每一端的光发射机和光接收机做在一起，称为光端机。如图 5—2—13 所示，PCM 电端机主要是将用户的各种数字信号，包括来自数字程控交换机和数字接口的信号，通过复用设备形成一定的数字传输结构（帧结构），不同速率等级的数字信号流送至光端机，光端机将数字端机送来的数字信号进行处理，变成光脉冲送入光纤进行传输，接收端进行相反的变换。

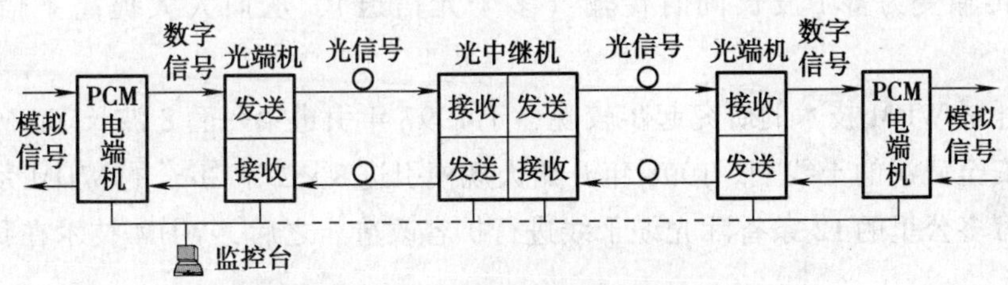

图 5—2—13　双向数字光纤通信传输系统组成框图

1. 光源

光源的作用是产生作为光载波的光信号。

光纤通信中常用的光源器件有半导体激光器（LD）和半导体发光二极管（LED）两种。它们的共同特点是体积小、重量轻、耗电少；两者的区别在于 LD 发出的是激光，LED 发出的是荧光。LED 发出的荧光无方向性，与光纤耦合效率较低，所以其调制速率较低，但它的谱线宽度较宽、输出特性曲线线性好、使用寿命长、成本低，适用于短距离、小容量的传输系统。LD 具有方向性强的辐射特性，易于与光纤耦合，降低了耦合损耗，而且输出的光功率较大，它产生的是单色光，降低了波长色散，一般适用于长距离、大容量的传输系统。

2. 光发射机

光发射机的作用是进行电/光转换，并将转换成的光脉冲信号码流输入到光纤中进行传输。光发射机将电信号转换为光信号，是通过发光器件来实现的。

3. 光中继器

光中继器大体兼有光发射机和光接收机的功能，它将接收到的光信号转变为电信号，再经过放大处理又去驱动另一个光源产生光信号，然后送往线路继续传输。

4. 光接收机

光接收机的作用是将光纤传输后的幅度被衰减、波形产生畸变、微弱的光信号转换为电信号，并对电信号进行放大、整形，再生成与发送端相同的电信号，输入到电接收端机。

光接收机中的关键器件是半导体光检测器，一般是光电二极管（PIN）或雪崩光电二极管（APD）。前者无增益，后者有增益。它们的作用是将接收到的光信号转换为相应的电信号。

四、光波分复用（WDM）系统

为进一步挖掘光纤传输的频带资源，以满足多种宽带业务（会议电视、高清晰度电视等）对传输容量的要求，克服传统的点到点单个波长的光纤通信方式的局限性，现已将光波分复用系统投入了商用。它使光纤上单个波长（一个波长为一个光信道）的传输变为多个波长同时传输（多个光信道），从而大大提高了信息传输容量。

我国开展 WDM 技术的研究起步较晚，于 1997 年引进第一套 8 波长 WDM 系统，并安装在西安至武汉的干线上。1998 年开始大规模引进 8×2.5 Gbps 的 WDM 系统，并对总长达 2 万多公里的 12 条省际光缆干线进行扩容改造。之后，WDM 技术在我国全面展开。

1. 光波分复用系统的基本概念

光波分复用（WDM，Wavelength Division Multiplexing）技术是在一根光纤中同时传输多个波长光信号的一项技术，其基本原理是在发送端将不同波长的光信号组合起来（复用），并耦合到光缆线路上同一根光纤中进行传输，在接收端再将组合波长的光信号分离（解复用），进行处理后恢复出原来的信号。

(1) 光波分复用系统传输原理

光波分复用系统传输原理如图 5—2—14 所示。

图 5—2—14a 所示为在一根光纤中同时单向传输几个不同波长的光波信号。其过程为：首先将信号通过光源变为不同波长的光波信号；然后，通过光波分复用设备耦合到一根光纤中传输，如图中的λ_1，λ_2，…，λ_n；最后，当光信号到达接收端时，将光耦合信号解复用，通过光检测器取得多波长（λ_1，λ_2，…，λ_n）光信号。

图 5—2—14b 所示为双向传输光波分复用原理图，其过程与单向传输相同。

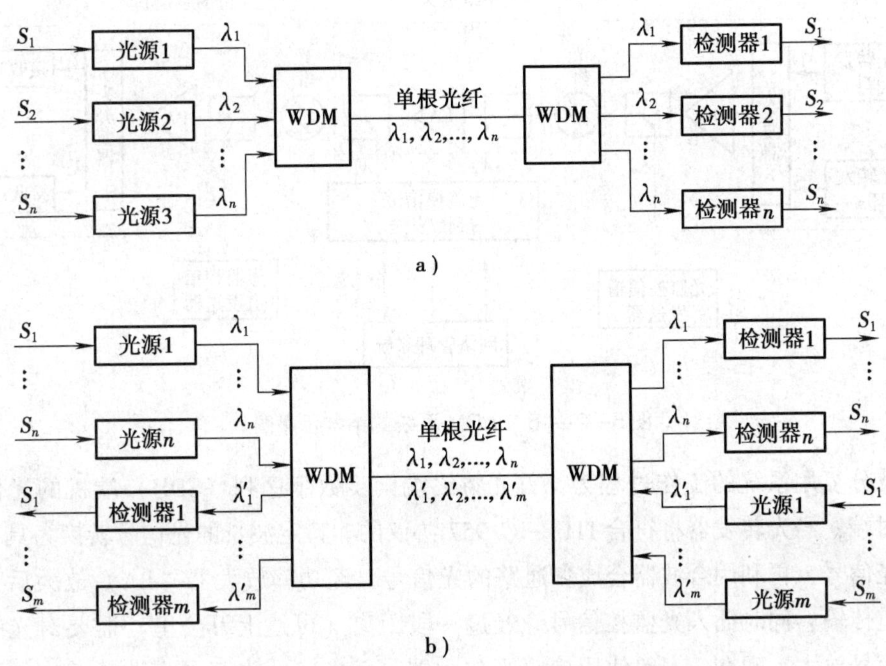

图 5—2—14　光波分复用（WDM）系统传输原理图

a）单向传输　b）双向传输

（2）光波分复用通路划分

在光波分复用系统中，是以波长来表述其通路的，如$\lambda_1 \sim \lambda_8$即为 8 通路，有 8 个波长。各通路间的频率间隔一般有 50 GHz、100 GHz、200 GHz 等。随着间隔的不同，标称中心频率和标称中心波长也不同。

1）通路间隔。主要是指在光波分复用系统中两相邻通路之间的标称波长（频率）之差。通路间隔可以均匀相等，也可以不等。

2）标称中心波长。在光波分复用系统中，每个信号通路所对应的中心波长称为标称中心波长。目前，国际上一般以 193. 1 THz 为参考频率，标称波长为 1 552. 52 nm。

目前所开发的普通光纤多工作在 1 310 nm 和 1 550 nm 窗口。非零色散移位光纤工作波长可移至 1 520 nm 或 1 570 nm。在实验室实验的 2. 64 Tbps 的光波分复用系统总带宽达 1 529 ~ 1 564 nm。

实用的光波分复用系统至少应提供 16 个波长的通路，根据需要也可以是 8 通路、4 通路等。

2. 光波分复用系统的结构

光波分复用系统主要由光发射机、光接收机、光放大器、光纤（光缆）、光监控信道和网络管理系统六大部分组成，其结构如图 5—2—15 所示。

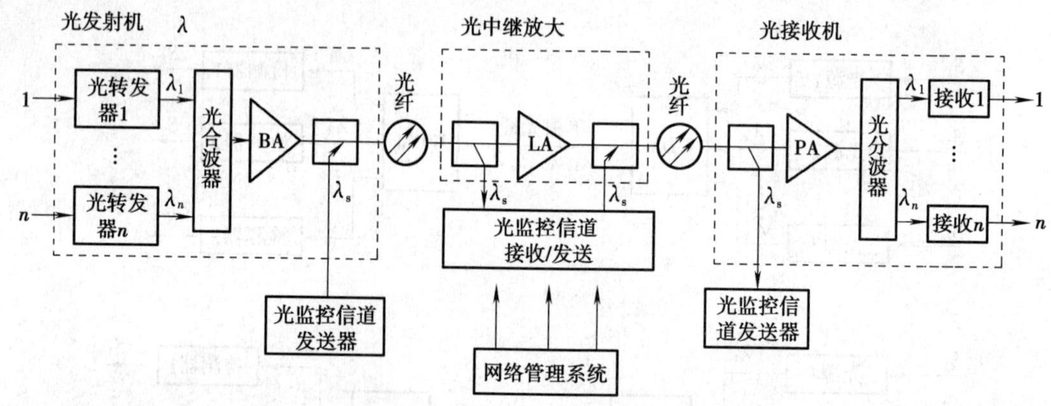

图 5—2—15 WDM 系统的结构示意图

光波分复用系统的工作过程为：首先将终端同步数字序列（SDH）端机的光信号送到光发射端，经光转发器将符合 ITU—IG. 957 协议的非特定波长的光信号转换为具有特定波长的光信号，再利用合波器合成多通路的光信号，经功率放大器（BA）放大后，送入光纤信道传输，同时插入光监控信号。经过一段距离（可达上万公里）需要对光纤信号进行光信号放大，现在，一般使用掺铒光放大器（EDFA），由于是多波长工作，因此要使 EDFA 对不同波长光信号具有相同的放大增益（采用放大增益平坦技术），还要考虑多光信道同时工作的情况，保证多光信道增益竞争不会影响传输性能。放大后的光信号经过光纤（光缆）传输到接收端，经长途传输后衰减的主信道弱光信号经功率放大器（PA）放大后，再利用光分波器从主信道光信号中分出特定波长的光信号。

对主接收机的主要要求为：

（1）要满足光信号接收的灵敏度。

（2）要符合过载功率的要求。

（3）能承受一定的光噪声信号。

（4）有足够 O/E 的电带宽特性。

光监控部分主要用于监控系统内各信道的传输情况。在发送端，插入本节点产生的特定波长（1 510 nm）的光监测信号（其中包含光波分复用的帧同步用字节、公务字节和网管所用的开销字节等），与光信道的光信号合波输出。在接收端要从光合波信号中分出光监控信号（1 550 nm）和业务光信道信号。

网络管理系统则主要经过光监控信道传送的开销字节及其他节点的开销字节对 WDM 系统进行管理。

3. 光波分复用系统的主要设备

（1）光转发器

在光波分复用系统中，要先将从客户来的光信号转换为标准波长光信号后，再送入合波器。对于开放式的 WDM 系统，应允许不同厂商的 SDH 光接口的非标准波长进入，然后通过光转发器转换为标准波长。

光转发器即为波长转换器，其功能是实现将非标准的波长转换为 ITU—T 所规定的标准波长，即符合 G. 692 的要求。

当光转发器在发送端使用时，其作用是使 SDH 设备的光信号与光波分复用的光信号之间完成接口转换。在接收端使用时，主要实现其反变换，把光波分复用的光信号恢复为开放的 SDH 系列的光信号。在有再生中继器的 WDM 系统中也同样要经光转发器转换。这几种转发器，根据它们在系统中的应用场合不同，其主要参数要求也不相同。

（2）光波分复用器和解复用器

光波分复用器和解复用器就是合波器和分波器。能将不同光源波长的光信号合在一起，经一根光纤输出传输的器件叫合波器，又称复用器；反之，将经一根光纤送来的多波长光信号分解为不同波长光信号分别输出的器件叫分波器，又称解复用器。

（3）光纤放大器

在光波分复用系统中，光纤放大器是关键设备，它是将光波信号直接放大的一种器件，如在光纤中掺铒（三阶稀土元素）而形成的掺铒光纤放大器，还有掺镨、掺镓等元素的光纤放大器。现在已经实用化而且用得较多的是掺铒光纤放大器。

在石英光纤的芯层中掺入铒元素，形成一种特殊光纤，在泵浦光源的激励下可放大光信号，因此称其为掺铒光纤放大器（EDFA）。其主要特点是高增益、高输出、宽频带、低噪声。其增益特性与偏振无关，对传输的数据比特率与格式透明。

在光波分复用中，利用光纤放大器技术，可以将该波段内的所有波长衰减的光信号同时放大。在 WDM 的发送端用光纤放大器作为功率放大器，可以提高进入光纤线路信号的功率；在 WDM 的接收端解复用之前，设置光纤放大器作为前置放大，可以提高接收机的灵敏度，这是原来再生中继器无能为力的。特别是对于光纤接入网，更需要光纤放大器将信号放大后才能分支到各用户终端。由于有光纤放大器的应用，才使光波分复用系统实用化，也使光波分复用接入网技术成为可能。

4. 光波分复用线路光纤

在目前的光纤通信中广泛采用的是 G. 652、G. 653、G. 654、G. 655 光纤。G. 652 光纤是目前 1 310 nm 波长性能最佳的单模光纤，适用于 1 310 nm 和 1 530 nm 以下的单通路中；G. 653 光纤是在 1 550 nm 波长性能最佳的单模光纤，此光纤零色散从 1 310 nm 移至 1 530 nm 工作波长，所以又称其为色散移位光纤，主要用在 SDH 系统中；G. 654 光纤是截止波长移位的单模光纤，主要用于海底光纤通信；G. 655 光纤称为非零色散移位单模光纤，它使零色散点不在 1 550 nm，而移至 1 570 nm 或 1 510 ~ 1 520 nm 附近，多用于较长距离的光波分复用线路中。

思考与练习

1. 填空题

（1）常用的光纤按照光波的传播模式分类，可分为______光纤和______光纤。

（2）光缆按结构不同可分为______式光缆、______式光缆、______式光缆和______式光缆。

（3）光纤的连接有两种情况：一种是________连接，类似于电线电缆中的焊接；另一种是________连接，类似于插头与插座的连接。

（4）光纤通信中常用的光源器件有________________和________________两种。

（5）光接收机中的关键器件是半导体光检测器，一般是____________________或____________________。

2. 问答题

（1）光纤通信系统与电通信方式相比具有哪些优点？

（2）光纤有哪几种类型？各有哪些特点？

（3）常用的光缆结构形式有哪几种？各有哪些优点？

（4）在光纤通信系统中，光发射电路与光接收电路的作用是什么？

（5）简要说明光纤通信中的光波分复用原理。

§5—3 数字卫星通信系统

学习目标

1. 了解数字卫星通信系统的组成。
2. 了解数字卫星通信系统的分类及特点。

卫星通信简单地说就是地球上的无线电通信站间利用卫星作为中继而进行的通信。卫星通信系统由卫星和地球站两部分组成。卫星通信的特点是：通信范围大；只要在卫星发射的电波所覆盖的范围内，从任何两点之间都可以进行通信；不易受到陆地灾害的影响；只要设置地球站电路即可开通；同时可在多处接收，能经济地实现广播、多址通信；电路设置非常灵活，可随时分散过于集中的话务量；同一信道可用于不同方向或不同区间。

一、数字卫星通信系统概述

1. 系统组成

数字卫星通信系统由卫星端、地面端、用户端三部分组成。卫星端在空中起中继站的作用，即将地面站发上来的电磁波放大后再返送回另一地面站。卫星星体又包括两大子系统：星载设备和卫星母体。地面站则是卫星系统与地面公众网的接口，地面用户也可以通过地面站出入卫星系统形成链路，地面站还包括地面卫星控制中心，及其跟踪、遥测和指令站。用户端指各种用户终端。数字卫星通信系统的组成如图 5—3—1 所示。

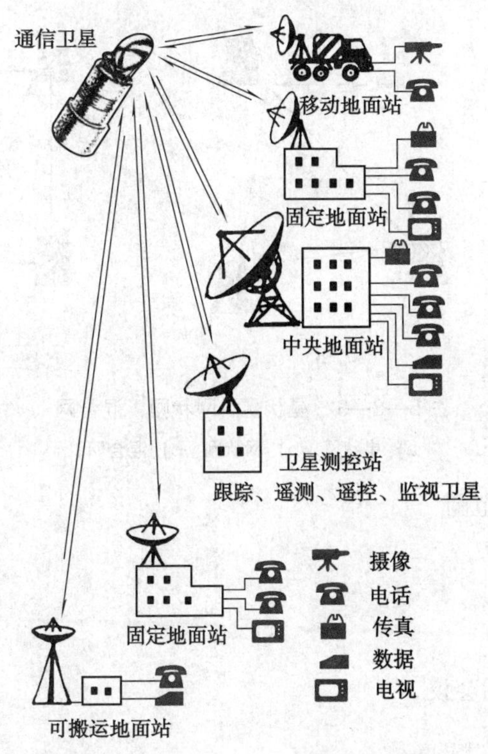

图 5—3—1　数字卫星通信系统的组成

2. 卫星通信网络的结构

（1）点对点：点对点卫星通信网络的结构如图 5—3—2 所示，其特点是两个卫星站之间互通；小站间信息的传输无须中央站转接；组网方式简单。

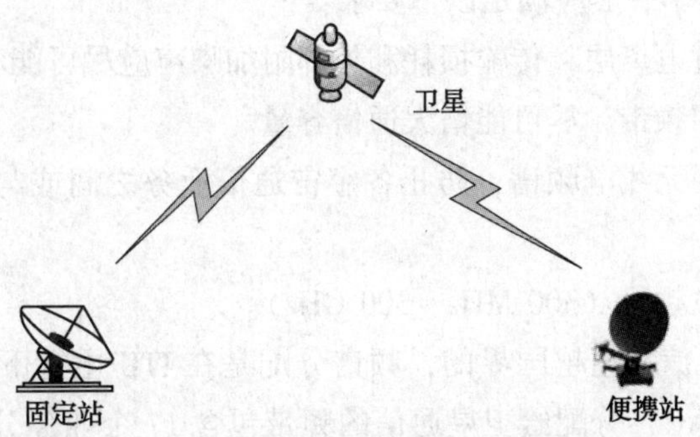

图 5—3—2　点对点卫星通信网络的结构

（2）星状网：外围各边远站仅与中心站直接发生联系，各边远站之间不能通过卫星直接相互通信（必要时，经中心站转接才能建立联系），如图 5—3—3a 所示。

（3）网状网：网络中的各站，彼此可经卫星直接沟通，如图 5—3—3b 所示。

（4）混合网：星状网和网状网的混合形式，如图 5—3—3c 所示。

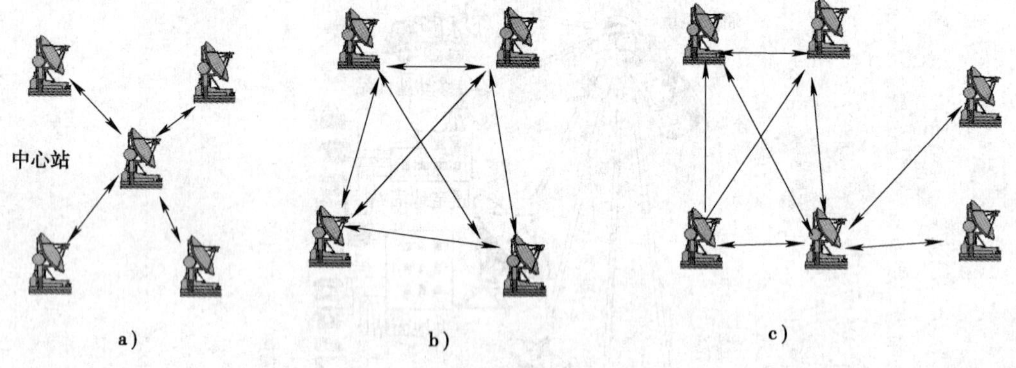

图 5—3—3　星状网、网状网、混合网

a）星状网　b）网状网　c）混合网

3．卫星通信的应用范围

（1）长途电话、传真。

（2）电视广播、娱乐。

（3）计算机联网。

（4）电视会议、电话会议。

（5）交互型远程教育。

（6）医疗数据。

（7）应急业务、新闻广播。

（8）交通信息、船舶、飞机的航行数据及军事通信等。

4．卫星通信的使用频率

卫星通信使用的频率一般应满足以下要求：

（1）电波应能穿过电离层，传输损耗和外部附加噪声应尽可能小。

（2）有较宽的可用频带，尽可能增大通信容量。

（3）较合理地使用无线电频谱，防止各宇宙通信业务之间或与其他地面通信业务之间产生相互干扰。

（4）通信采用微波频段（300 MHz ~ 300 GHz）。

注意：由于空间通信是超越国界的，频谱分配是在 ITU 主管下进行的，1979 年世界无线电行政大会（WRAC）分配给卫星通信的频带包含 17 个业务分类，并将全球分为三个地理区域：Ⅰ区、Ⅱ区、Ⅲ区，我国位于第Ⅲ区。常用工作频段见表 5—3—1。

表 5—3—1　　常用工作频段

频段	上行频率	下行频率	简称
C - band	5.85 ~ 6.65 GHz	3.4 ~ 4.2 GHz	6/4G
Ku - band	14.0 ~ 14.5 GHz	12.25 ~ 12.75 GHz	14/12G
Ka - band	27.5 ~ 31 GHz	17.7 ~ 21.2 GHz	30/20G

5. 多址方式

在微波频带，整个通信卫星的工作频带约有 500 MHz 的宽度，为了便于放大和发射及减少变调干扰，一般在卫星上设置若干个转发器。每个转发器被分配一定的工作频带。目前的卫星通信多采用频分多址技术，不同的地面站占用不同的频率，即采用不同的载波。比较适用于点对点的大容量通信。近年来，时分多址技术也在卫星通信中得到了较多的应用，即多个地面站占用同一频带，但占用不同的时隙。与频分多址方式相比，时分多址技术不会产生互调干扰，不需要用上下变频将各地面站信号分开，适合数字通信，可根据业务量的变化按需分配传输带宽，使实际容量大幅度增加。另一种多址技术是码分多址（CDMA），即不同的地面站占用同一频率和同一时间，但利用不同的随机码对信息进行编码来区分不同的地址。CDMA 采用扩展频谱通信技术，具有抗干扰能力强、保密通信能力好、可灵活调度传输资源等优点，比较适合于容量小、分布广、有一定保密要求的系统使用。

6. 卫星运行轨道

卫星运行轨迹和趋势称为卫星运行轨道，其轨道近似于椭圆或圆形，地心就处在椭圆的一个焦点或圆心上。

按照轨道平面与赤道平面的夹角 i（轨道倾角）的不同，地球卫星运行轨道有以下三种：

（1）赤道轨道（$i=0°$）。

（2）极轨道（$i=90°$）。

（3）倾斜轨道（$0°<i<90°$）。

二、卫星通信系统的分类、特点及发展趋势

1. 卫星通信系统的分类

按照工作轨道不同，卫星通信系统一般分为以下三类：

（1）低轨道卫星通信系统（LEO）

距地面 500 ~ 2 000 km，传输时延和功耗都比较小，每颗卫星的覆盖范围也比较小，典型系统有 Motorola 的铱星系统。低轨道卫星通信系统由于卫星轨道低，信号传播时延

短，所以可支持多跳通信；其链路损耗小，可以降低对卫星和用户终端的要求，可以采用微型或小型卫星和手持用户终端。但是低轨道卫星通信系统也为这些优势付出了较大的代价：由于轨道低，每颗卫星所能覆盖的范围比较小，要构成全球系统需要数十颗卫星，如铱星系统有 66 颗卫星、Globalstar 有 48 颗卫星、Teledisc 有 288 颗卫星。同时，由于低轨道卫星的运动速度快，对于单一用户来说，卫星从地平线升起到再次落到地平线以下的时间较短，所以卫星间或载波间切换频繁。因此，低轨道卫星通信系统的系统构成和控制复杂、技术风险大、建设成本也相对较高。

（2）中轨道卫星通信系统（MEO）

距地面 2 000 ~ 20 000 km，传输时延要大于低轨道卫星，但覆盖范围也更大，典型系统是国际海事卫星系统。中轨道卫星通信系统可以说是同步卫星系统和低轨道卫星系统的折中，中轨道卫星系统兼有这两种方案的优点，同时又在一定程度上克服了这两种方案的不足。中轨道卫星的链路损耗和传播时延都比较小，仍然可采用简单的小型卫星。如果中轨道和低轨道卫星系统均采用星际链路，当用户进行远距离通信时，中轨道系统信息通过卫星星际链路子网的时延将比低轨道系统低。而且由于其轨道比低轨道卫星系统高许多，每颗卫星所能覆盖的范围比低轨道系统大得多，当轨道高度为 10 000 km 时，每颗卫星可以覆盖地球表面的 23.5%，因而只需要几颗卫星就可以覆盖全球。若有十几颗卫星就可以提供对全球大部分地区的双重覆盖，这样可以利用分集接收来提高系统的可靠性，同时系统投资要低于低轨道系统。因此，从一定意义上来说，中轨道系统是建立全球或区域性卫星移动通信系统较为优越的方案。当然，如果需要为地面终端提供宽带业务，中轨道系统将存在一定困难，而利用低轨道卫星系统作为高速的多媒体卫星通信系统的性能要优于中轨道卫星系统。

（3）高轨道卫星通信系统（GEO）

高轨道卫星通信系统如图 5—3—4 所示。

距地面 35 800 km，即同步静止轨道。理论上，用 3 颗高轨道卫星即可以实现全球覆盖。传统的同步轨道卫星通信系统的技术最为成熟，自从同步卫星被用于通信业务以来，用同步卫星来建立全球卫星通信系统已经成为建立卫星通信系统的传统模式。但是，同步卫星有一个不可克服的障碍，就是较长的传播时延和较大的链路损耗，严重影响到它在某些通信领域的应用，特别是在卫星移动通信方面的应用。首先，同步卫星轨道高，链路损耗大，对用户终端接收机性能要求较高。这种系统难于支持手持机直接通过卫星进行通信，或者需要采用 12 m 以上的星载天线（L 波段），这就对卫星星载通信有效载荷提出了较高的要求，不利于小卫星技术在移动通信中的使用。其次，由于链路距离长，传播时延大，单跳的传播时延就会达到数百毫秒，加上语音编码器等的处理时间，则单跳时延将进一步增加，当移动用户通过卫星进行双跳通信时，时延甚至将达到秒级，这是用户，特别是话音通信用户所难以忍受的。为了避免这种双跳通信就必须采用星上处理使得卫星具有交换功能，但这必将增加卫星的复杂度，不但增加系统成本，也有一定的技术风险。

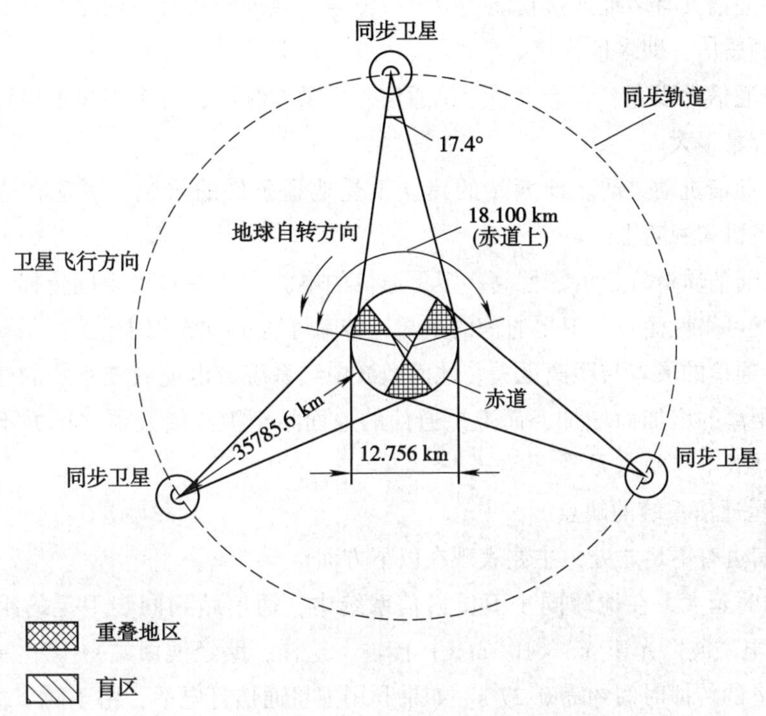

图 5—3—4　高轨道卫星通信系统

目前，同步轨道卫星通信系统主要用于 VSAT 系统、电视信号转发等，较少用于个人通信。

注意：在地球表面观察卫星是静止的，固定天线可始终对准卫星，窄波束天线需要跟踪系统。

另外，按照通信范围区分，卫星通信系统可以分为国际通信卫星、区域性通信卫星、国内通信卫星；按照用途区分，卫星通信系统可以分为综合业务通信卫星、军事通信卫星、海事通信卫星、电视直播卫星等；按照转发能力区分，卫星通信系统可以分为无星上处理能力卫星、有星上处理能力卫星。

2. 卫星通信系统的特点

(1) 卫星通信系统的优点

卫星通信是现代通信技术的重要成果，它是在地面微波通信和空间技术的基础上发展起来的。与电缆通信、微波中继通信、光纤通信、移动通信等通信方式相比，卫星通信具有以下优点：

1) 卫星通信覆盖区域大，通信距离远。因为卫星距离地面很远，一颗地球同步卫星便可覆盖地球表面的 1/3，因此，利用 3 颗适当分布的地球同步卫星即可实现除两极以外的全球通信。卫星通信是目前远距离越洋电话和电视广播的主要手段。

2）卫星通信具有多址连接功能。卫星所覆盖区域内的所有地面站都能利用同一卫星进行相互间的通信，即多址连接。

3）卫星通信频段宽、容量大。卫星通信采用微波频段，每个卫星上可设置多个转发器，故通信容量很大。

4）卫星通信机动灵活。地面站的建立不受地理条件的限制，可建在边远地区、岛屿、汽车、飞机和舰艇上。

5）卫星通信质量好、可靠性高。卫星通信的电波主要在自由空间传播，噪声小，通信质量好。就可靠性而言，卫星通信的正常运转率可达99.8%以上。

6）卫星通信的成本与距离无关。地面微波中继系统或电缆载波系统的建设投资和维护费用都随距离的增加而增加，而卫星通信的地面站至卫星转发器之间并不需要线路投资，因此，其成本与距离无关。

（2）卫星通信系统的缺点

卫星通信也有不足之处，主要表现在以下方面：

1）传输时延大。在地球同步卫星通信系统中，通信站到同步卫星的距离最大可达40 000 km，电磁波以光速（3×10^8 m/s）传输，这样，路经地面站→卫星→地面站（称为一个单跳）的传播时间约需0.27 s。如果利用卫星通信打电话，由于两个站的用户都要经过卫星，因此，打电话者要听到对方的回答必须额外等待0.54 s。

2）回声效应。在卫星通信中，由于电波来回转播需要0.54 s，因此产生了讲话之后的“回声效应”。为了消除这一干扰，卫星电话通信系统中增加了一些设备，专门用于消除或抑制回声干扰。

3）存在通信盲区。将地球同步卫星作为通信卫星时，由于地球两极附近区域“看不见”卫星，因此不能利用地球同步卫星实现对地球两极的通信。

4）存在日凌中断、星蚀和雨衰现象。

3．卫星通信系统的发展趋势

未来卫星通信系统主要有以下发展趋势：

（1）地球同步轨道通信卫星向多波束、大容量、智能化发展。

（2）低轨卫星群与蜂窝通信技术相结合，实现全球个人通信。

（3）小型卫星通信地面站将得到广泛应用。

（4）通过卫星通信系统承载数字视频广播（DVB）和数字音频广播（DAB）。

（5）卫星通信系统将与IP技术结合，用于提供多媒体通信和因特网接入，即包括用于国际、国内的骨干网络，也包括用于提供用户直接接入。

（6）微小卫星和纳卫星将广泛应用于数据存储转发通信以及星间组网通信。

思考与练习

1．填空题

（1）数字卫星通信系统由________、________和________三部分组成。

（2）理论上用________颗高轨道卫星即可以实现全球覆盖。

（3）卫星运行轨道近似于________或________。

2．问答题

（1）简述卫星通信系统的优点。

（2）卫星通信系统存在的不足主要表现在哪些方面？